劳动预备制教材
职业培训教材

劳动保护知识

（第三版）

人力资源和社会保障部教材办公室组织编写

中国劳动社会保障出版社

图书在版编目(CIP)数据

劳动保护知识/范仲文主编. —3 版. —北京:中国劳动社会保障出版社,2016

劳动预备制教材　职业培训教材

ISBN 978-7-5167-2480-4

Ⅰ.①劳… Ⅱ.①范… Ⅲ.①劳动保护-职业培训-教材 Ⅳ.①X9

中国版本图书馆 CIP 数据核字(2016)第 138326 号

中国劳动社会保障出版社出版发行

(北京市惠新东街1号　邮政编码:100029)

*

北京市艺辉印刷有限公司印刷装订　新华书店经销

787毫米×960毫米　16开本　10.25印张　189千字

2016年6月第3版　　2022年1月第7次印刷

定价:21.00元

读者服务部电话:(010) 64929211/84209101/64921644

营销中心电话:(010) 64962347

出版社网址:http://www.class.com.cn

再版说明

　　全国劳动预备制培训教材公共课（试用）自 1997 年问世以来已经历时十多年。在这十多年中，这套教材最初在劳动预备制试点城市试用，后来推向全国，在使用过程中受到用书单位的好评，为推动劳动预备制培训和职业技能培训工作发挥了积极的作用。

　　十多年来，劳动预备制度有了很大发展。2007 年 8 月全国人大常委会审议通过的《就业促进法》，明确规定国家采取措施建立劳动预备制度，以法律形式将劳动预备制度确定下来。随着劳动预备制培训工作的逐步推进，作为教育培训重要基础的教材建设也有了长足的进步。目前全国劳动预备制教材，已形成包括 10 门公共课程和近百种专业技能课程的较为完整的体系。为了进一步完善教材内容，我们从 2010 年起对 10 本公共课教材进行再次修订。

　　《劳动保护知识》第三版是为适应劳动预备制培训要求所作的再次修订。主要做了如下工作：一是对内容进行了合理的整合，使知识和生活、生产紧密结合，内容编排更科学。二是在每章开始设置了引导内容，让学生对学习内容一目了然，提高教学效果。三是删除了偏深、偏繁的内容，增加了有启发提示作用的栏目。

　　主要内容包括：概述，劳动保护权益及维护途径，劳动防护用品与安全标识、标志，加工作业安全知识，职业卫生与职业病危害及防护，事故救护处理与工伤保险知识。

　　本书由成都信息工程大学范仲文教授主编，林杉杉博士、祝霞博士、朱国龙老师、范守荣老师参与编写，金淑彬教授审稿。

人力资源和社会保障部教材办公室

目录

第一章 概　　述

　　在生产劳动过程中，劳动者可能面临各种劳动风险，如设备造成的意外伤害、粉尘造成的职业疾病等。这些风险将对劳动者的身心产生重大影响甚至巨大伤害。学习劳动保护知识，掌握基本安全知识与职业卫生常识，并在生产劳动过程中严格遵守这些基本安全规程，可以减少甚至避免各种职业因素对劳动者的影响或伤害，从而保护劳动者的人身安全和身心健康。因此，作为初次进入职业领域的劳动者，应当掌握什么是劳动保护、什么是劳动保护措施、劳动保护包括哪些内容等基本知识，应当明白学习劳动保护知识有哪些作用，以此明确学习劳动保护知识的目的与重要意义。

第一讲　劳动保护的内涵

　　在学习劳动保护知识之前，首先要了解什么是劳动保护、什么是劳动保护措施、什么是安全生产"十二字"方针、什么是安全生产教育。

一、劳动保护

所谓劳动保护，是指通过采取有效措施，保护劳动者在生产劳动过程中的生命安全和身心健康，减少或防止安全事故发生，预防职业病。

在生产劳动过程中，由于种种因素可能引发一些安全事故，从而危及劳动者的生命安全，造成劳动者人身伤害甚至死亡。例如，矿井发生瓦斯爆炸，机械加工时发生机器绞碾，建筑施工中发生高处坠落，交通运输车辆发生碰撞等安全事故。这些事故一旦发生，将直接造成劳动者身体的损伤甚至人员的死亡。

在生产劳动过程中，若劳动环境较差，还会造成劳动者身体不适，使劳动者患上各种疾病，甚至由于这些疾病导致劳动者伤残或死亡。例如，长期在粉尘超标的环境中劳动，使劳动者患上肺部疾病；工作环境中有毒物质含量超标，致使劳动者眼部残疾；劳动环境噪声过大、有毒物质过多，劳动者长期在这样恶劣的环境中工作，容易患上各种职业疾病，造成劳动者身体伤害。

因此，劳动保护就是通过采取各种措施，减少或避免安全事故的发生；就是通过改善劳动卫生环境条件，预防职业病的发生，有效保障劳动者生命安全和身体健康。劳动保护是安全生产的前提和保证，只有掌握劳动保护知识、遵守劳动保护规定、落实劳动保护措施，才能增强安全生产意识、实现安全生产目标。

 **故事品鉴**

驾驶作业中，如有疏忽，极易发生交通事故，造成车毁人亡。如图 1—1 所示，一辆油罐车满载汽油，在发生交通事故时，如遇汽车燃烧爆炸，后果将不堪设想。因此，从事驾驶作业应牢记安全第一，严格遵守交通规则，减少或防止事故发生，以保护人身和财产安全。图 1—1 所示为四川省成都市 2012 年 5 月发生的一场交通事故，驾驶人员在驾驶中与人聊天，注意力不集中，不遵守驾驶安全规程，导致驾驶操作处理不当，最后车辆冲出车道，撞伤多辆汽车后悬停在桥墩上。事故造成 1 人死亡，7人重伤。交通事故造成了生命财产的重大损失。

点评

道路交通安全事故在生活中时常发生。作为一名驾驶人员，如能严格按照安全驾驶规程去操作，不仅可以避免安全事故的发生，有效保护自己的人身安全，也能保护财产安全。可见，遵守交通安全规程，掌握基本保护知识，对一名汽车驾驶人员多么重要。

图1—1 交通事故危害生命安全

二、劳动保护措施

在生产劳动过程中，为了减少或消除各种安全事故的发生，减少或消除各种因素对劳动者造成的身体危害，有效保护劳动者生命安全和身体健康，应采取各种必要的防护措施，这些措施统称为劳动保护措施。

劳动保护措施分为组织措施和技术措施两大类。

所谓组织措施，是指通过加强劳动保护立法，建立劳动保护组织机构，开展劳动保护教育培训，实行劳动保护监察等措施，以保护劳动者生命安全和身体健康。例如，国家颁布《中华人民共和国劳动法》和《中华人民共和国职业病防治法》等法律、法规；设立"国家安全生产办公室"和"职业病防治院"等劳动保护组织。企业设立安全生产办公室并配备专门的安全管理人员；对新入厂的人员进行安全培训"三级"教育等。这些措施都属于劳动保护组织措施。

所谓技术措施，是指通过采用先进生产工艺，采取劳动安全技术，消除各种安全隐患和职业危害；通过给劳动者提供劳动防护用品和保健食品，提高其预防能力，补偿特殊损害，以减轻危害程度。这些通过采取各种技术、工艺和方法来保护劳动者的措施统称技术措施。例如，对机构传动带加上防护罩，以防止操作人员被卷入其中；向有粉尘的空气中定期喷洒清水，以降低粉尘浓度；对建筑工地作业人员，要求戴上安全帽、系上安全带，以防落石伤及头部，防止从空中坠落。这些保护措施都属于劳动保护技术措施。

故事品鉴

小曾在技校学的是焊接专业，毕业后应聘到一家金属制品公司当了焊接工人。在上岗之前，小曾接受了公司组织的安全教育培训。分配到班组，其所在班组的师傅又给小曾讲解了班组工作内容，工作中应注意的安全保护事项，要求小曾在作业前一定要戴上公司配发的焊接专用手套，要穿焊接专用耐热皮鞋，要使用焊工保护面罩。焊机接通电源前，要检查线路是否有破损，是否有漏电发生的可能，谨防触电伤人。小曾掌握了焊接作业劳动保护要领，每次上班工作时，都先做好劳动保护措施，严格按操作程序工作，从不违章作业。一年下来未发生过安全事故，小曾受到了公司的表扬，被评为公司安全责任先进个人，同时也得到了公司年度安全奖。

✍ 点评

本案例中，公司采取了劳动保护组织措施，如对小曾进行了安全培训，建立了安全规程。公司也采取了劳动保护安全措施，如为小曾的焊接作业提供必要的劳动防护用品，增设了必要的安全设施。有了这些劳动保护措施，就可以避免安全事故的发生，有效保护劳动者的人身安全。

三、安全生产"十二字"方针

我国安全生产工作的指导方针是"安全第一，预防为主，综合治理"十二字方针。

"安全第一"，即要求企业应把保护劳动者生命安全和身体健康放在第一位，企业应尽最大努力避免人员伤亡，避免职业病的发生；要求劳动者在工作岗位上把落实安全生产法规、充分满足安全卫生需要摆在第一位，不违章操作。当生产任务同劳动安全发生矛盾时，实行"生产服从安全"的原则，在排除不安全因素后再进行生产。

"预防为主"，即要求企业应加强对安全事故和职业危害的预防，减少或避免事故的发生，减轻职业危害；应尽力采用先进设备和技术，确保安全生产；应加强安全教育，提高劳动者安全意识；应运用先进的技术手段和现代安全管理方法，预测和预防危险因素的产生。

"综合治理"，即要求各级政府、各分管部门、各企业要树立全局观念，按照法律、法规要求，对涉及安全生产的问题统筹解决。要落实责任，治理事故隐患，整顿安全生产领域存在的问题。

作为劳动者，应当时时将安全生产放在第一位，应积极配合企业做好安全管理工作，正确使用及维护安全设施和安全用品，预防安全事故的发生，保护劳动者的人身安全。

四、安全生产教育

所谓安全生产教育，是指针对新入职的员工，由企业组织对其进行安全制度、安全操作规程、安全设施设备、安全用品用具等相关知识的学习、参观等教育活动的统称。通过安全生产教育，可以使广大劳动者正确地按客观规律办事，严格执行安全操作规程，加强对设备的维护及检修，认识及掌握不安全、不卫生因素和伤亡事故规律，正确运用科学技术知识加以治理和预防，及时发现及消除隐患，把事故消灭在萌芽状态，保证安全生产。

安全生产教育包括三个方面的内容，即安全生产方针与法规教育；新工人入厂"三级"教育；特殊作业人员安全教育。

安全生产方针与法规教育，即学习"安全第一，预防为主，综合治理"的安全生产方针，全面认识安全生产的重要性，树立良好的安全意识；学习安全法律、法规条款内容，在工作中自觉遵守国家安全生产规定，采取必要措施防止安全事故的发生。

新工人入厂"三级"安全教育，即新进厂的人员在上岗之前，要分别在工厂、车间和班组三级接受安全教育。厂级安全教育内容一般包括：学习国家安全生产方针、政策、法律、法规；了解工厂概况、安全生产情况、各项规章制度；掌握安全技术知识和预防事故的基本知识。车间安全教育内容一般包括：了解车间的生产性质、任务、工艺流程和主要设备情况，车间各项规章制度、安全生产规程和劳动纪律，车间的危险部位、尘毒危害情况以及安全生产的注意事项。班组安全教育内容一般包括：了解班组的生产性质、任务以及本班组在车间、工厂中的地位，班组安全生产情况、危险部位、工作地点环境及有毒有害因素，将要使用的设备和工具的性能、操作方法及有关注意事项，本工种的安全操作规程、生产岗位的职责范围、纪律和制度，各种防护设施的性能和作用以及个人劳动防护用品的使用方法等。

特殊作业人员安全教育，即对特种作业人员，如电工作业、锅炉司炉、压力容器操作、起重机械作业、爆破作业、金属焊接作业、煤矿井下瓦斯检验、机动车辆驾驶、机动船舶驾驶和轮机操作、建筑登高架设作业等人员，进行专门安全教育。属于特种作业的工种，在安全程度上与其他工种有很大差别。他们在工作中接触的不安全因素较多，危险性较大，很容易发生事故。一旦发生事故，不仅对本人，而且会对周围的人和设施造成很大的危害。对从事特种作业的人员必须进行定期的安全教育和安全技术培训。培训工作采取企业自行培训、劳动保障部门或其指定部门培训相结合的办法。培训内容一般按照"特种作业人员安全技术培训考核大纲"而定，主要以本工种的专业知识和安全技术，以及灾害、事故的案例和预防措施为主。除机动车辆驾驶人员、机动船舶驾驶人员和轮机操作人员需按有关部门的规定执行培训以外，其他特殊工种应每两年进行一次培训，每次培训结束后都要进行考核，考核合格者发给特种作业人员操作证。获得操作证的人员方能持证上岗作业。

故事品鉴

小李在一家公司仓库开铲车。每天的工作就是用铲车将货物从仓库运出，装载到卡车上。一天，小李驾驶铲车装载桶装硫酸到卡车上，在装载 2 h 后，小李发现铲车右轮胎被严重划伤，为防止爆胎，小李向工组长提出停止作业，将铲车右轮胎换一下。工组长走过来查看了一下被划伤的轮胎，说没什么大事，可以继续用，现在任务紧，装车重要，等装完这车再去换轮胎。小李也没有多想，就按工组长的意思继续装载。在装车时，小李驾驶的铲车右轮胎爆裂，整个车辆向右倾斜，铲车上的

> **想一想**
>
> 造成本次铲车安全事故，小李的责任在哪里？工组长的责任在哪里？如何防止类似事故的再发生？

硫酸桶掉落到地上，摔破的硫酸桶滚到成品库，泄漏的硫酸使成品严重腐蚀，造成成品报废。事故虽未造成人员伤亡，但造成了公司财产的重大损失。事后，公司对安全事故进行了全面调查，认定小李违反安全操作规程，不该驾驶存在安全隐患的车辆继续作业；认定工组长违反劳动保护指导方针，没有在确保安全的前提下进行生产作业。要求小李和工组长写出检查并赔偿损失的30%，共计12 000元，小李承担5 000元，工组长承担7 000元。

第二讲　劳动保护知识的主要内容

劳动保护知识的内容主要包括劳动保护法律法规知识、劳动防护用品知识、安全标志与安全标识知识、安全作业知识、职业卫生知识、事故救护与处理及工伤保险知识这几个部分。

一、劳动保护法律法规知识

劳动保护法律法规，即国家用法律法规的形式制定和认可，并由国家强制保证执行的一系列保护职工在生产劳动过程中的安全与健康的规范。它的职能就是通过法律

形式，调整人们在进行生产、建设和经济活动过程中相互之间的劳动关系，规定人们在生产过程中的行为准则。劳动者应当学习及掌握劳动保护相关法律法规的规定，明确自己的劳动保护权益，懂得如何利用法律武器维护自己的合法权益。

在我国，劳动保护法律法规包括劳动保护法律、劳动保护行政法规、劳动保护标准三个方面。

1. 劳动保护法律

劳动保护法律是由全国人民代表大会审议通过，由国家主席签署发布并实施的，具有最高约束能力的行为规范。

在我国，劳动保护法律主要包括《劳动合同法》《劳动法》《社会保险法》《劳动争议调解仲裁法》《妇女权益保险法》《未成年人保护法》《矿山安全法》《安全生产法》《职业病防治法》等。

> **做一做**
> 请大家列举与劳动保护相关的法律法规条款规定，将条款内容讲给同学们听，让大家共同讨论这些条款是如何保护劳动者的人身安全的。

2. 劳动保护行政法规

劳动保护行政法规是由国务院常务会议审议通过，由国务院总理签署发布并实施的，具有一定行政约束能力的行为规范。

在我国，劳动保护行政法规主要包括《女职工劳动保护规定》《生产安全事故报告与调查处理条例》《劳动防护用品管理规定》《劳动保障监察条例》《国家职业卫生安全管理办法》《工伤保险条件》等。

3. 劳动保护标准

劳动保护标准是由国家标准化委员会制定并组织实施的基本准则，如《职工劳动保护用品发放标准》《劳动防护用品配备标准》《劳动防护用品选用规则》《施工现场临时用电安全技术规范》《职业安全标准》等。

> **想一想**
> 在大家的记忆中都见过哪些劳动防护用品？都见过什么样的安全标志或安全标识？请列举一例，说明其用途或表述的安全含义。

二、劳动防护用品知识

实施劳动保护，需要使用相应的劳动防护用品。因此，劳动者需要认识常用的劳动防护用品名称，了解其具体用途，掌握其使用方法。同时，还需要掌握不同职业、不同工种的劳动防护用品配置规定。这样，劳动者便可以督促企业为其配置必要的劳动防护用品，保障劳动安全和职业卫生。

三、安全标志与安全标识知识

劳动者不仅需要了解劳动防护用品知识，同时也要熟悉劳动生产现场的各种安全生产标志，掌握各种标志的含义，严格按标志的内涵规定去操作及实施，不违反安全标志禁止的一切内容。

生产现场也还有安全生产的各种标识，这些标识主要由不同色彩构成不同的安全警示、安全提示、安全指示。劳动者也应熟悉不同标识的含义，严格按标识的要求去开展生产劳动。

四、安全作业知识

安全作业知识，即劳动者在生产劳动过程中应当掌握的基本常识、安全规程、注意事项等保护劳动者身心健康的知识。不同职业、不同工种，面临不同的劳动安全风险，因此，劳动者应掌握不同工种的安全知识，如建筑高空作业安全知识、矿山矿井作业安全知识、驾驶作业安全知识、机械加工作业安全知识等。

五、职业卫生知识

职业卫生又称劳动卫生，是指为了保障劳动者在生产（经营）活动中的身体健康，防治职业病和职业性多发病等职业性危害，在技术上、设备上、医疗卫生上所采取的一整套措施。

学习职业卫生知识，可以有效防止或减少各种职业因素对劳动者身心健康的危害，减少或防止职业疾病的发生。

本书涉及的职业卫生知识包括粉尘危害及预防知识、毒物危害及预防知识、生物危害及预防知识、物理危害及预防知识。

六、事故救护与处理及工伤保险知识

劳动者在劳动过程中，如发生工伤事故，应如何处理，如何抢救，如何逃生；发

生工伤事故后，又应如何申报工伤，如何治疗，如何康复。掌握这些知识，有助于劳动者在发生安全事故后能及时、有效地采取措施，处理事故，减少事故造成的危害，尽力保护劳动者的人身安全和财产安全。

发生属于工伤范围的安全事故，造成人员伤亡，需要进行工伤认定申请、劳动能力鉴定、工伤医疗费用报销。因此，劳动者还应当掌握工伤保险相关知识，尤其是工伤费用报销知识、工伤待遇与伤残津贴知识等。

> **做一做**
>
> 　你知道什么是工伤吗？举出一个例子，介绍给全班同学，以明确工伤的内涵，哪些算工伤？哪些不能算工伤？

思考与体验

1. 什么是劳动保护？
2. 举例说明，劳动保护安全措施与组织措施有哪些不同？
3. 讨论并交流自己的观点：学习劳动保护知识对保护劳动者的人身安全有哪些作用？
4. 什么是安全教育？"三级"教育的内容包括哪些？

第二章 劳动保护权益及维护途径

我国法律、法规对劳动者应享有的劳动保护权利及应承担的劳动保护义务都做了明确的规定。劳动者应当了解这些法律、法规关于劳动保护的相关条款规定，以明确自己的劳动保护权利，维护劳动保护利益。同时，劳动者还应当了解维护劳动保护权益的基本途径，当自己的劳动保护权益受到侵害时，可以采取有效措施，及时维护自己的合法利益。

第一讲 法律法规赋予劳动者的
劳动保护权益

故事品鉴

某医院护士晓莲在怀孕 7 个月后，要求单位不要再安排她上夜班，但单位以无人代替其岗位为由拒绝了她的要求，晓莲只好坚持继续上夜班。休完产假后，晓莲回到单位上班，单位由于病人多，工作任务繁重，需要护士加班。但晓莲认为自己正处于哺乳期，每天需要给孩子喂两次奶，加班极为不便，因此拒绝单位的加班要求。单位遂以晓莲不服从工作安排为由，解除了与晓莲的劳动合同。

 点评

晓莲的故事其实就是劳动者的劳动保护权益受到侵害的典型例子。当人们学习、了解相关法律、法规规定，懂得法律赋予劳动者的合法劳动保护权利后，就可以利用法律武器维护自己的权利。

我国法律规定，劳动者在劳动过程中享有合法劳动保护权利，如安全教育培训权利、劳动安全权利、职业卫生权利、社会保险权利、劳动休息休假权利等。作为一名劳动者，在走上工作岗位之前，应当了解国家法律、法规赋予自己的合法权利，从而珍惜这些权利，自觉地争取和维护这些权利。

> **提示**
>
> 劳动者的休息休假时间也可以根据企业的用工需要做临时调整，但调整也需要征得劳动者的同意。

一、劳动休息与休假权利

我国劳动法规定，劳动者每日工作时间不超过 8 h，每周工作时间不超过 40 h，劳动者要有足够的劳动休息时间，以防劳累过度，引起职业疾病。

企业不能随意延长劳动者的工作时间。如需延长工作时间，必须具备一定的条件，并经过一定的手续。国家法律规定，企业由于生产经营需要，确实需要延长工作时间，应事先与工会和劳动者协商，并征得他们的同意。但在遇到自然灾害、发生事故等需要抢险、抢修的特殊情形时，可不经过协商，由用人单位决定劳动时间。对延长劳动时间的长短，法律也有相关规定。一般每日延长工作时间不得超过 1 h，因特殊原因需要延长工作时间超过 1 h 的，在保障劳动者身体健康的条件下，每日延长时间最多不得超过 3 h，每月延长时间最多不得超过 36 h。用人单位延长工作时间，必须支付相应的劳动报酬。

我国法律规定，劳动者享有法定节假日的休假权利。这些法定节假日包括：元旦（1 月 1 日）、春节（农历除夕、正月初一和初二）、清明节（放假 1 天）、劳动节（5 月 1 日）、端午节（农历五月初五）、中秋节（农历八月十五）和国庆节（10 月 1 日、2 日、3 日）。此外，还有妇女节（3 月 8 日，妇女放假半天）、青年节（5 月 4 日，14 周岁以上青年放假半天）、儿童节（6 月 1 日，13 周岁以下少年儿童放假

1 天）和建军节（8 月 1 日，现役军人放假半天）。根据法律规定，劳动者如遇加班，应获得不低于工资的 150% 的工资报酬；如在休息日加班，工资报酬应不低于工资的 200%；在法定节假日加班，工资报酬应不低于工资的 300%。

我国法律还规定，女职工生育子女时，享受产假待遇。女职工产假应不少于 98 天。如发生难产，还要增加 15 天的产假。生育多胞胎时，每多生育一个婴儿，增加 15 天产假。产假期间，工资由生育保险基金支付。

此外，法律还规定劳动者连续工作一年以上的，可以享受不少于 5 天的带薪年休假。工龄越长，带薪年休假也应越长。

资讯解读

某知名食品公司为维护劳动者的合法休假权利，保障劳动者的身体健康，公司除按国家规定在法定休假时间安排职工休假外，每年还安排职工 10 天带薪休假。对家住外省的职工，安排 15 天的探亲假。职工有了充足的休息时间，身体更健康，精力更充沛，工作效率也更高。

点评

带薪休假是劳动者的劳动保护权利，我国法律规定，工作年满一年，用人单位应提供带薪休假。实行带薪休假制度，落实法律、法规的相关劳动保护规定，有益于劳动者的身心健康，也有利于企业的长远发展。

二、接受安全教育培训的权利

劳动者刚刚进入企业，对企业安全生产情况不够了解，对劳动卫生状况也不太熟悉，需要接受安全培训教育，以了解企业安全生产情况，掌握安全生产技术，熟练运用劳动防护用品。这样才可以使自己树立安全意识，在劳动过程中采取合适的安全技术措施，有效保护自己的生命安全和身体健康。

安全教育培训主要通过企业组织的"三级"教育来实施。即新入厂的人员先接受企业组织的劳动保护教育培训，学习安全生产方针和相关法律、法规，了解企业安全生产情况，企业总体分布，企业管理组织、职责及规章制度等。经考试合格后，再分配到车间或分厂，接受车间或分厂组织的劳动保护教育培训，进一步了解车间生产工艺情况、车间生产布局、车间安全生产注意事项、车间规章制度。最后才到所在的班组，由班组长组织与工作相关的安全技术教育培训，了解设备安全生产情况、生产工艺特点及安全注意事项，劳动防护用品的使用和保管知识，职业疾病的防护措施。

企业不能为了省事，减少培训开支，省去对新入厂人员的安全教育培训。这是对劳动者的不负责，是对劳动者劳动保护权利的侵害。劳动者如不接受劳动保护教育培训，缺乏相应的保护知识和技能，在劳动生产过程中将可能出现更多的劳动安全事故，将会引起更多的职业疾病发生，最终还是增加对劳动者的职业危害或安全伤害。

三、享有社会保险的权利

社会保险是指国家通过颁布法律、制定法规，规定当劳动者遇到生、老、病、死、残、失业等情况时，给予一定的物质或经济帮助，以保证其基本生活需要的一种社会保障制度。我国现行社会保险主要有养老保险、医疗保险、失业保险、工伤保险和生育保险五种。

我国《社会保险法》于2010年起正式实施。法律规定，用人单位应当为劳动者购买社会保险，按时足额缴纳社会保险费。一些用人单位为减少劳动力成本，不给劳动者购买社会保险，或只给部分人员购买社会保险，这是违法的，是侵犯劳动者社会保险权益的行为，劳动者有权要求企业购买社会保险，有权向劳动保障组织举报，劳动保障组织有权对用人单位进行经济处罚。

四、提请劳动争议处理的权利

这是劳动者维护自己合法劳动权益的有效途径和保障措施。劳动者在劳动过程中，难免会发生一些与企业之间的利益冲突，形成劳动争议。发生劳动争议，就意味着劳动者的权益可能受到侵害。在发生劳动争议时，劳动者有权提请劳动争议调解委员会进行调解，也有权提请劳动争议仲裁委员会进行仲裁。必要时，还可能向当地人民法院起诉，通过法院判决来维护自己的合法权益。劳动者在提请调解、仲裁甚至上诉到人民法院时，应当了解劳动争议处理的法律规定，这样在自己的权益受到侵害时，才能更好地采取保护措施，利用法律武器来保护自己的合法权益。

五、获得劳动安全卫生保护的权利

劳动安全卫生是指劳动者在劳动生产过程中，其生命安全和身心健康所得到的有效保护。我国法律规定，用人单位必须建立、健全劳动安全卫生制度，严格执行国家劳动安全卫生规程和标准，对劳动者进行劳动安全卫生教育，防止劳动过程中的事故，减少职业危害。用人单位必须为劳动者提供符合国家规定的劳动安全卫生条件和必要的劳动防护用品，对从事有职业危害作业的劳动者要定期进行健康检查。

劳动安全卫生权利是劳动者应当享有的一项最为重要的权利，它直接关系到劳动者的生命安全。人的生命安全高于一切，劳动者应当知晓自己的劳动安全卫生权利内容，有效维护自己的劳动安全卫生权利。

此外，劳动者有权了解作业场所和工作岗位存在的危险因素，有权了解企业为此采取的防范措施及事故应急措施，有权决定是否从事存在不安全因素的工作。例如，劳动者进矿工作，有权了解工作条件的安全性，有权了解工作环境的卫生情况，这样才能决定是否接受这份工作。矿山的生产每时每刻都处在变动之中，采矿、掘进、凿岩、爆破等均随着生产的推进而不断变化，加上地质条件的变化莫测，风险难以控制，经常造成重大伤亡事故，如大面积坍塌、冒顶、片帮、透水等事故。作为企业职工，有权了解矿山作业场所和所在工作岗位存在的危险因素与有害因素，知道自己应当怎样做才能保障安全。必要时，劳动者可以拒绝那些存在安全隐患而劳动保护措施不力的工作。在我国，目前职业危害最严重的是粉尘危害。在冶金行业的冶炼厂、烧结厂、耐火材料厂，机械行业的铸造厂，建筑行业的水泥厂、石棉制品厂、砖瓦厂，轻工行业的玻璃厂、陶瓷厂，纺织行业的棉纺厂、麻纺厂，电力行业的火力发电厂，化工行业的橡胶厂等，在生产过程中均产生大量的粉尘，人在这种环境下工作时吸入的粉尘量会很多，若防治不当，易使人患上肺病。劳动者有权知道这类工作可能产生的职业危害，从而决定是否签订劳动合同，是否接受这份工作。

六、对安全生产工作提出建议、批评和检举的权利

作为企业的员工，除了拥有了解企业作业场所和工作岗位存在的危险因素、企业采取的防范措施等权利，还有对企业的安全生产工作提出建议的权利。劳动者可以针对安全隐患提出防范措施以及事故应急措施的意见，协同企业做好安全生产工作，减少事故的发生，保障劳动者人身安全。

劳动者有权对本单位安全生产存在的问题进行监督。如果发现有危害安全生产的问题存在，劳动者可以向本单位管理人员提出批评；如果有关管理人员不接受意见，不进行改进，劳动者还可以向上级主管部门检举，直至上诉控告。这不仅是对劳动者自身身体健康、生命安全的自觉保护，也是对企业长远发展与长远利益的最好保护。

七、拒绝违章指挥和强令冒险作业的权利

劳动者拒绝违章指挥和强令冒险作业，可以避免安全事故造成的人员伤亡，可以

更好地维护自己的人身安全，有效地维持正常的生产秩序，切实防止事故发生。

一些企业领导法制观念薄弱，安全卫生制度不健全，有的甚至连基本的劳动保护设施都没有，但为了获得经济利益，强令工人冒险作业的现象经常发生。众所周知，法律是站在劳动者一边的。如果遇到违章指挥和强令冒险作业，劳动者应当坚持"安全第一"的原则，敢于拒绝各种不安全作业。

八、发生危及人身安全的紧急情况时，有停止作业或者在采取可能的应急措施后撤离作业场所的权利

发生直接危及人身安全的紧急情况时，如不能及时撤离作业场所，常会酿成重大的人身伤亡事故。如煤矿瓦斯爆炸、煤尘爆炸、火灾、透水等事故，一旦发生，将会造成重大人身伤亡和财产损失。法律赋予劳动者这一权利，使劳动者在事故发生初期及时撤离现场，可以有效地保护劳动者的人身安全。

如图 2—1 所示，劳动者在吊装劳动过程中，发现起吊设备的钢缆出现裂纹，并有异常响声，钢缆随时可能断裂，若起吊的货物掉下，将危及周围作业人员的人身安全。这时，周围作业人员可以采取及时撤离的措施，以防止发生事故和造成人员伤亡，待安全隐患消除后，才可以继续进行起吊作业。

图 2—1　钢缆有断裂危险，周围人员应立即撤离

九、要求用人单位提供必要的劳动防护用品或劳动保护设施的权利

用人单位应积极采取措施，改善作业场所的作业条件，避免由于化学的、物理的和生物的有毒有害物质危害劳动者的健康，预防职业病的发生，并提供防治职业病的防护用品。如加强车间通风，降低有毒有害气体的浓度；采取密闭、湿式作业

措施，防止粉尘危害；采取吸声、消声、隔音措施，减少噪声危害；为从事有毒有害作业的人员提供防护服、防护眼镜、防护面罩、呼吸防护器、防护手套等防护用品。

故事品鉴

　　小李在一家建筑施工公司工作。2005 年 8 月，公司承揽到一项工程，为一栋停建多年的大楼进行内、外装修。由于工程期限很紧，该公司在没有完全搭建好安全网的情况下，要求小李及工友在大楼外墙进行装修作业。小李向公司负责人提出应该待安全网搭建好之后再进行施工。公司负责人否定了小李的建议，强令工人们必须立即施工。小李拒绝服从公司负责人的指挥。负责人警告小李，如果不立即按要求施工，轻则扣减其工资，重则解除其劳动合同。小李不服气，难道工期紧就可以冒着生命危险工作吗？

十、女职工特殊保护权利

　　女职工由于自身生理及心理特点，她们往往在劳动过程中会遇到一些特殊困难。同时，她们还担负着繁衍、哺育后代的任务。如果在劳动中对女职工不加以保护，不仅会影响她们自身的安全和健康，还会影响下一代的安全和健康。

故事品鉴

两家企业对女职工劳动保护的鲜明对比

　　大象公司是一家从事金属加工的企业，女性焊工较多。由于焊接作业产生大量的有毒气体，危害呼吸系统，弧光对人体也造成辐射影响，因此焊工需要特殊的劳动保护。对于女性焊工来讲，由于生理原因，其身体健康就更需要得到企业的关注。大象公司对处于"四期"的女性焊工明文规定予以保护，安排她们从事一些力所能及的工作。

　　而某大医院的人事部门发现其员工晓林怀孕后，向她提出解除劳动合同的要求，理由是怀孕后对所从事的工作有很大的影响，将无法完成本职工作，所以只能解除劳动合同。晓林向当地劳动监察大队举报企业侵权行为。劳动监察大队工作人员在了解情况后，责令医院立即改正要求与晓林解除劳动合同的行为。

点评

　　比较上述两家用人单位对女职工的不同劳动保护政策，不难看出，前者不仅遵守女职工劳动保护相关法律、法规，而且体现更多的人文关怀；而后者则明显违反相关规定，其结果是必然受到相关处罚。

十一、未成年工特殊保护权利

　　未成年工是指年满 16 周岁未满 18 周岁的劳动者。由于未成年工身体还处于发育阶段，需要在劳动过程中给予特殊的劳动保护。

　　《劳动法》规定，不得安排未成年工在粉尘、有毒的作业环境中工作，尽量限制高处、冷水、高温、低温作业，不得安排未成年工从事第四级体力劳动强度作业以及重体力劳动作业，不得安排未成年工在危险环境或易发生事故环境中作业。例如，不安排未成年工在矿山井下及地面进行采石作业，不安排未成年工在有易燃易爆、化学性烧伤和热灼伤等较大危险性的环境作业，不安排未成年工使用凿岩机、气镐、电锤等工具进行作业。

　　法律还要求，用人单位应对未成年工进行定期健康检查，根据检查结果安排适合的工作；应对未成年工进行岗前教育、安全培训和职业技能教育培训。法律规定任何单位和个人禁止使用童工。童工即指未满 16 周岁，与用人单位发生劳动关系，从事有经济收入劳动的少年儿童。

 **故事品鉴**

> **想一想**
>
> 　　结合未成年人劳动保护相关规定，本案例中用人单位侵犯了未成年工哪些劳动保护权益？如果自己在劳动中遇到同样的侵权行为，应如何应对？

　　小翔的家在陕西省某山区，2005 年高考落榜的他迫于家庭经济压力，在老乡的推荐下，到河南省平顶山市一家煤矿企业打工，当时他刚满 17 岁。在企业老板的要求下，小翔每天到井下采煤，终日不见阳光。不到 4 个月时间，原本就身体单薄的小翔已经骨瘦如柴，难以继续从事这样艰苦的体力劳动。小翔向老板提出，希望能更换一个轻松一点的工作岗位，但是老板一口拒绝了他的要求，声称如果干不了就走人，并且前几个月的工资分文不给。正当小翔感到绝望时，当地劳动保障监察人员到这家煤矿巡视检查，发现了小翔面临的问题。劳动保障部门当即责令企业改正使用未成年工从事井下作业的违法行为，并对企业做出了行政处罚的决定。同时，劳动保障部门还对该煤矿不依法按时足额支付劳动者工资的行为进行了查处。

 点评

当前，一些企业利用未成年工涉世未深、不懂法律法规的特点，让未成年工干成人的体力劳动，甚至在较为恶劣的环境中工作，使其身心受到极大的伤害。这些都严重影响未成年工的健康成长，都违反了未成年人保护法的相关规定。

第二讲 劳动者的劳动保护义务

 **故事品鉴**

小李到新单位报到后，单位组织了入厂安全生产教育。小李因家有急事请假回家，安全教育培训也没有参加。上班后，小李被安排到车间做焊接加工工作。在工作中小李为了拿放工件方便、快捷，摘下防护手套后进行焊接加工作业。工作中，不小心手打滑，工件未拿稳，掉下后砸到自己的脚部，造成小趾骨折。事后小李要求单位按工伤处理。单位考虑到小李虽然未按规定戴防护手套进行作业，但属工作时间因工作原因造成的伤害，仍按工伤程序进行申报处理。

 点评

按《工伤保险条例》规定，小李应属工伤范围。但小李的伤也应引起大家的思考。如果小李接受安全教育，了解安全制度，懂得如何利用劳动防护用品保护自己，也许工伤事故就不会发生。这说明，有了用人单位的劳动保护措施，还需要劳动者严格按相关规定和要求去做。这就是劳动者在劳动保护中应承担的基本义务。

要做好劳动保护工作，除了要求企业建立劳动保护规章制度、采取劳动保护措施、提供劳动防护用品外，还要求劳动者要尽到相应的劳动保护义务，如树立安全生产意识，遵守安全规定，严格按规定要求佩戴并正确使用劳动防护用品，发现安全隐患立即上报并采取有效的防护措施等。只有劳动者积极参与企业的安全管理工作，主动采取有效防护措施，自觉执行企业安全规定，安全事故才可以预防，劳动保护工作才可以做好，个人劳动保护权利才可以得到有效维护。没有劳动者的参与，再好的制度和措施也难以起到劳动保护作用或效果。

一、树立安全意识，遵守安全规定，服从安全管理

安全生产规章制度和操作规程是企业为了保护劳动者在劳动过程中的安全和身体健康，防止及消除职工伤亡事故和职业病而制定的，这些规章制度与操作规程都来自于科学实验和生产实践，是多次安全事故教训的总结，反映了安全生产的客观规律。劳动者应当树立安全意识，自觉执行这些规章制度和操作规程，避免或减少安全事故的发生。如果劳动者不讲科学，违反安全生产规章制度，违反操作规程，就有可能引发事故，造成严重的后果。

二、正确佩戴和使用劳动防护用品

劳动防护用品是保护劳动者在生产过程中的人身安全与身体健康所必备的防御性装备，正确佩戴和使用这些装备，对于预防安全事故或减少职业危害都起着十分重要的作用。

劳动防护用品分为安全帽类、呼吸护具类、眼防护具类、听力护具类、防护鞋类、防护手套类、防护服类、防坠落护具类、护肤用品类共9大类。企业应根据生产环境存在的不安全因素和职业危害因素，针对不同工种、不同劳动条件的劳动者配备不同的劳动防护用品。如职工从事高处作业时应使用安全带，从事有毒气体危害作业时应使用防毒口罩、防护眼镜和防毒面具等。

劳动者应知道自己所从事的工作岗位存在的不安全因素或职业危害因素，知道需要佩戴和使用什么样的防护用品。这样，在没有得到有效保护时，可以向企业提出佩戴和使用劳动防护用品的要求。如企业不予解决，劳动者可以向所在地的劳动监察大队投诉，可以提请劳动争议仲裁委员会仲裁解决。同时，劳动者还应了解劳动防护用品的使用方法，只有正确佩戴和使用劳动防护用品，才能起到劳动保护作用。

三、接受安全教育培训，掌握安全生产知识

企业的安全生产教育培训是提高职工安全素质，防止伤亡事故，减少职业危害的重要手段。这既是企业的职责，也是职工的义务。劳动者不接受此项教育，不懂得劳动安全卫生基本知识，不掌握安全生产技能，就不能自觉遵守安全生产规章制度，在事故发生时也难以具备应急处理能力，把事故危害控制在最小限度。

四、发现事故隐患或其他不安全因素，立即报告安全管理员或上级主管人员

小的隐患常常可能造成大的事故。作业场所、设备和设施的不安全状态，人的不安全行为和管理上的缺陷都可能成为事故隐患。及时发现事故隐患或不安全因素，及时上报相关人员，就可以及早采取措施，把事故消灭在萌芽状态。

 相关链接

劳动保护法律、法规及国家标准

1.《中华人民共和国宪法》

第42条规定，国家通过各种途径，创造劳动就业条件，加强劳动保护，改善劳动条件，并在发展生产的基础上，提高劳动报酬和福利待遇。

2.《中华人民共和国劳动法》

第29条规定，劳动者有下列情形之一的，用人单位不得解除劳动合同：患职业病或者因工负伤并被确认丧失或者部分丧失劳动能力的；患病或者负伤，在规定的医疗期内的；女职工在孕期、产期、哺乳期内的。

第52条规定，用人单位必须建立、健全劳动安全卫生制度，严格执行国家劳动安全卫生规程和标准，对劳动者进行劳动安全卫生教育，防止劳动过程中的事故，减少职业危害。

第55条规定，从事特殊作业的劳动者必须经过专门培训并取得特种作业资格。

第56条规定，劳动者在劳动过程中必须严格遵守安全操作规程。劳动者对用人单位管理人员违章指挥、强令冒险作业，有权拒绝执行；对危害生命安全和身体健康的行为，有权提出批评、检举和控告。

第59条规定，禁止安排女职工从事矿山井下、国家规定的第四级体力劳动强度的劳动和其他禁忌从事的劳动。

第60条规定，不得安排女职工在经期从事高处、低温、冷水作业和国家规定的第三级体力劳动强度的劳动。

3.《中华人民共和国安全生产法》

第18条规定，生产经营单位的主要负责人对本单位安全生产工作负有下列职责：建立、健全安全生产责任制；组织制定本单位安全生产规章制度和操作规程；组织制定实施本单位安全生产教育和培训计划；保证本单位安全生产投入的有效实施；督促、检查本单位的安全生产工作，及时消除生产安全事故隐患；组织制定并实施本单

位的生产安全事故应急救援预案；及时、如实报告生产安全事故。

第50条规定，生产经营单位的从业人员有权了解其作业场所和工作岗位存在的危险因素、防范措施及事故应急措施，有权对本单位的安全生产工作提出建议。

第52条规定，从业人员发现直接危及人身安全的紧急情况时，有权停止作业或者在采取可能的应急措施后撤离作业场所。

第56条规定，从业人员发现事故隐患或者其他不安全因素，应当立即向现场安全生产管理人员或者本单位负责人报告；接到报告的人员应当及时予以处理。

4.《中华人民共和国职业病防治法》

第4条规定，劳动者依法享有职业卫生保护的权利。用人单位应当为劳动者创造符合国家职业卫生标准和卫生要求的工作环境和条件，并采取措施保障劳动者获得职业卫生保护。

第5条规定，用人单位应当建立、健全职业病防治责任制，加强对职业病防治的管理，提高职业病防治水平，对本单位产生的职业病危害承担责任。

第13条规定，任何单位和个人有权对违反本法的行为进行检举和控告。

5.《中华人民共和国矿山安全法》

第15条规定，矿山使用的有特殊安全要求的设备、器材、防护用品和安全检测仪器，必须符合国家安全标准或者行业安全标准。

第16条规定，矿山企业必须对机电设备及其防护装置、安全检测仪器定期检查、维修，保证使用安全。

第17条规定，矿山企业必须对作业场所中的有害有毒物质和井下空气含氧量进行检测，保证符合安全要求。

第18条规定，矿山企业必须对下列危害安全的事故隐患采取预防措施：冒顶、片帮、边坡滑落和地表塌陷；瓦斯爆炸、煤尘爆炸；冲击地压、瓦斯突出、井喷；地面和井下的火灾、水害；爆破器材和爆破作业发生的危害；粉尘、有毒有害气体、放射性物质和其他有害物质引起的危害；其他危害。

6.《中华人民共和国建筑法》

《建筑法》规定，建筑施工企业应当在施工现场采取维护安全、防范危险、预防火灾等措施；有条件的，应当对施工现场实行封闭管理。建筑施工企业应当建立健全劳动安全生产教育培训制度，加强对职工安全生产的教育培训。建筑施工企业和作业人员在施工过程中，应当遵守安全生产的法律、法规和建筑行业安全规章、规程，不得违章指挥或者违章作业。

7.《中华人民共和国消防法》

《消防法》规定，任何单位和个人都有维护消防安全、保护消防设施、预防火灾、报告火警的义务。任何单位、个人不得损坏、挪用或者擅自拆除、停用消防设施、器材，不得埋压、圈占、遮挡消火栓或者占用防火间距，不得占用、堵塞封闭疏散通道、安全出口、消防车通道。禁止在具有火灾、爆炸危险的场所吸烟、使用明火；因施工等特殊情况需要使用明火作业的，应当按照规定事先办理审批手续。

8. 《中华人民共和国公路法》

《公路法》规定，为保障公路养护人员的人身安全，公路养护人员进行养护作业时，应当穿着统一的安全标志服；利用车辆进行养护作业时，应当在公路作业车辆上设置明显的作业标志。

9. 《中华人民共和国煤炭法》

《煤炭法》规定，企业应当对职工进行安全教育、培训，要求职工遵守有关安全生产的法律、法规、煤炭行业规章、规程和企业规章制度。煤矿企业工会发现企业行政方面违章指挥、强令职工冒险作业或者生产过程中发现明显重大事故隐患，有权提出解决建议，甚至提出批评、检举和控告。企业必须为职工提供必需的劳动防护用品，必须为职工办理意外伤害保险。

10. 《中华人民共和国铁路法》

《铁路法》规定，铁路运输企业必须加强对铁路的管理和保护，定期检查、维修铁路运输设施，保证铁路运输设施完好，保障旅客和货物运输安全。禁止旅客携带危险品进站上车，铁路工作人员有权对旅客携带的物品进行运输安全检查。

11. 《中华人民共和国海上交通安全法》

《海上交通安全法》规定，船长、轮机长、驾驶员、轮机员、无线电报务员、话务员以及水上飞机、潜水器的相应人员，必须持有合格的职务证书，其他船员必须经过相应专业技术训练。

12. 《中华人民共和国清洁生产促进法》

《清洁生产促进法》规定，企业在进行技术改造过程中，应采取无毒、无害或低毒、低害的原料；应采用能够达到国家或者地方规定的污染物排放标准和污染物排放总量控制指标的污染防治技术。

13. 《危险化学品安全管理条例》

《条例》对危险化学品的生产、储存、使用、经营和运输的安全管理及法律责任等环节都做了明确的规定。

14. 《民用爆炸物品安全管理条例》

《条例》规定了爆破器材的生产、爆破器材的储存、爆破器材的销售和购买、爆破器材的运输和使用等环节的安全要求。对黑火药、烟火剂、民用信号弹和烟花爆竹也作了安全管理规定。

15.《工伤保险条例》

《条例》规定，职工发生工伤时，用人单位应当采取措施使工伤职工得到及时救护；用人单位应当按时为职工缴纳工伤保险费，职工个人不缴纳工伤保险费；职工发生工伤，经治疗伤情相对稳定后存在残疾、影响劳动能力的，应当进行劳动能力鉴定；治疗工伤所需费用符合规定的，从工伤保险基金中支付。

16.《使用有毒物品作业场所劳动保护条例》

第4条规定，从事使用有毒物品作业的用人单位（以下简称用人单位）应当使用符合国家标准的有毒物品，不得在作业场所使用国家明令禁止使用的有毒物品或者使用不符合国家标准的有毒物品。用人单位应当尽可能使用无毒物品；需要使用有毒物品的，应当优先选择低毒物品。

第12条规定，使用有毒物品作业场所应当设置黄色区域警示线、警示标识和中文警示说明。

第18条规定，用人单位应当与劳动者订立劳动合同，将工作过程中可能产生的职业中毒危害及其后果、职业中毒危害防护措施和待遇等如实告知劳动者，并在劳动合同中写明，不得隐瞒或者欺骗。

17.《尘肺病防治条例》

《条例》规定，企业、事业单位的负责人对本单位的尘肺病防治工作负有直接责任，应采取有效措施使本单位的粉尘作业场所达到国家卫生标准。职工使用的防止粉尘危害的防护用品必须符合国家的有关标准。不满18周岁的未成年人及孕期或哺乳期妇女，禁止从事粉尘作业。

18.《放射性同位素与射线装置放射防护条例》

《条例》规定，从事放射工作单位的负责人应当采取有效措施使本单位的放射防护工作符合国家有关规定和标准。放射性同位素的生产、使用、贮存场所和射线装置的生产、使用场所必须设置防护设施。其入口处必须设置放射性标志和必要的防护安全联锁、报警装置或者工作信号。放射性同位素不得与易燃、易爆、腐蚀性物品放在一起。贮存、领取、使用、归还放射性同位素时必须进行登记、检查，做到账物相符。

19.《施工现场临时用电安全技术规范》

《规范》对用电管理、施工现场与周围环境、接地与防雷、配电室及自有电源、配电线路、电动建筑机械、手持电动工具及照明等都提出了详细的安全要求。要求企业在安装、维修或拆除临时用电工程时，必须由电工来完成。

20.《特种作业人员安全技术培训考核管理办法》

《办法》规定了特种作业范围，对特种作业的安全技术培训、考核和发证工作也作了相应规定。

21.《职业健康监护管理办法》

《办法》规定，用人单位应当组织从事接触职业病危害作业的劳动者进行职业健康检查；应当组织接触职业病危害因素的劳动者进行上岗前和离岗时职业健康检查；不得安排未经上岗前职业健康检查的劳动者、有职业禁忌的劳动者、未成年工、孕期和哺乳期的女职工从事有职业病危害因素的作业。用人单位应当建立并妥善保存职工职业健康监护档案。

22.《职业病诊断与鉴定管理办法》

《办法》规定从事职业病诊断的医疗机构应具备的条件，规定职工申请职业病诊断应提供的资料，规定职业病诊断证明书的确定程序。

第三讲　劳动保护权益维护途径

当劳动者的劳动保护权益受到侵害时，劳动者可以通过劳动合同来维护自己的权利。此外，劳动者还可以通过工会组织、劳动争议调解委员会、劳动争议仲裁委员会来维护自己的劳动保护权利。如通过这些途径都不能解决问题，劳动者还可以通过人民法院的判决来维护自己的合法权益。

> 🔔提示
>
> 签订劳动合同对于劳动者维护自身权益十分重要，劳动者在工作前务必通过劳动合同来维护自身的劳动保护权益。

一、通过签订劳动合同维护劳动保护权益

1. 劳动者应当与用人单位订立劳动合同

劳动合同是劳动者与用人单位确立劳动关系、明确双方权利和义务的协议。它是双方维护各自合法利益的法律保障，是处理劳动争议的直接证据和依据。因此，劳动者在上岗之前应与用人单位签订劳动合同，明确双方的责任、权利、利益，通过签字、盖章，形成具有法律效力的文件。订立劳动合同要遵循平等自愿、协商一致的原则，不能违反法律、法规的规定，否则合同就成为无效合同，这是保护劳动者自身合法权益非常重要的一件事。如果用人单位拖延时间，不订立劳动合同，劳动者可以向劳动监察大队举报，由劳动监察大队责令用人单位及时与劳动者订立劳动合同。

故事品鉴

猛子在一家建筑公司打工两年多了，企业一直没有与他签订劳动合同。2016年2月，该公司负责人找到猛子，称由于目前承建的工程已近尾声，让猛子不要再来上班了。在结算工资时，公司只向其支付了当年1—5月的部分工资，称其余工资由于猛子工作质量不高，予以扣减。猛子对此不服，向市劳动保障监察大队投诉，监察人员表示，猛子与公司没有签订劳动合同，无法确认与公司之间的劳动关系，对他的投诉不能受理。猛子又找到市劳动争议仲裁委员会，仲裁委员会受理了该案，经调查，虽公司与猛子没有签订劳动合同，但用工关系属实，且有证人作证，裁决该公司补发克扣的工资。

点评

我国《劳动合同法》明确规定，用人单位与职工之间，应签订书面劳动合同。劳动合同应有以下条款：工作时间、工作内容、工作地点、劳动报酬、试用期时间、合同有效时间等。劳动合同，是维持劳动者劳动权益的重要法律凭据。案例中如果猛子在上班第一天即与用人单位签订劳动合同，并且在合同中明确双方权利与义务，明确违约责任等事项，这样就可以减少甚至避免劳动争议，维持劳动者的合法权益。

2. 劳动合同条款应当完整、准确

一份完整的劳动合同必须有工作内容、工作时间、工作条件、劳动报酬、劳动合同终止条件和违反劳动合同的责任等条款。经当事人和用工单位协商，还可以增加其他条款，如试用期时间、休息休假安排、保守商业秘密要求、员工福利项目、违约金及赔偿金等条款。

合同条款表达的意思应当清晰，没有任何歧义，双方在理解上是完全一致的。这样的合同可以减少劳动争议，更好地维护双方的利益，约束双方的行为。

3. 注意劳动保护和劳动条件的条款内容

在劳动合同中，应有专门的条款规定用人单位为劳动者提供的劳动条件和采取的劳动保护措施。尤其对那些存在不安全因素和职业危害的劳动岗位，用工单位应将工作过程中可能产生的职业危害及其后果、职业病防护措施和福利待遇等如实告知劳动者，并在劳动合同中确定。劳动者更应当注意劳动合同中劳动保护和劳动条件的条款内容。通过这些条款，保护自己的权益，维护自己的健康。如在粉尘危害较大的岗位工作，劳动保护和劳动条件条款应要求企业采取各种防尘措施，降低作业场所粉尘浓度，为劳动者发放个人防护用品。

4. 拒绝签订有"工伤概不负责"之类条款的不合法、不合理劳动合同

在合同中有"工伤概不负责""伤残由个人负责"等条款的所谓生死合同不符合法律规定，也违背了社会主义公德，这种合同应视为无效合同。劳动者要拒绝签订有这类条款的合同。如已经签订合同，劳动者可以向当地劳动仲裁委员会提请仲裁，确认合同无效。

二、通过劳动争议处理维护劳动保护权益

1. 劳动争议的内涵

劳动争议是指劳动者与用人单位在生产过程中，因行使劳动权利、履行劳动义务而发生的劳动纠纷。例如，因企业开除职工或职工辞职发生的争议；因企业提供的工资、保险、福利、培训发生的争议；因履行劳动合同发生的争议等。

在劳动争议中，需要特别引起重视的是劳动安全和职业卫生方面的争议，例如，因劳动场所劳动条件不符合规定，企业不为职工提供劳动保护设施，不发放劳动防护用品等发生的争议；因工伤认定、工作时间和休息休假发生的争议；在女职工和未成年工特殊劳动保护方面发生的争议；劳动者拒绝违章操作或冒险作业被扣工资或奖金甚至解除劳动合同的争议等。一些企业管理人员法制观念淡薄，企业安全卫生制度不健全，在劳动者已提出生产中存在不安全因素时，不但不认真听取，不及时改正，还强令职工冒险作业；更恶劣的是，在职工抵制时，企业采取错误的行政手段对待职工，扣发工资或奖金甚至解除劳动合同，这是极为错误的也是违法的。

2. 劳动争议处理流程

劳动争议的处理主要依据《劳动法》《女职工劳动保护特别规定》《未成年工特殊保护规定》《劳动保障监察条例》等法律、法规。此外，我国政府还制定了如《中华人民共和国劳动争议调解仲裁法》《企业劳动争议调解委员会组织及工作规则》《劳动人事争议仲裁调解组织规则》《劳动人事争议仲裁办案规则》等专门处理劳动保护争议的行政法规。这些法规既是劳动保护争议处理的依据，也是开展劳动保护争议处理工作的指导文件。此外，劳动合同中的相关条款内容也是处理劳动保护争议的重要法律依据。

当用人单位与劳动者发生劳动争议时，当事人可以通过双方协商、劳动争议调解委员会调解、劳动争议仲裁委员会仲裁、向人民法院提起诉讼等形式进行劳动争议处理。

（1）双方协商处理。当劳动者和用人单位发生意见分歧，甚至利益冲突时，首先采取的处理办法就是协商。劳动者应当明确双方意见分歧或利益冲突的地方，这些意见分歧或利益冲突违背了哪些国家法律、法规的规定以及双方签订的劳动合同条款要求。劳动者可以选派代表与用人单位劳动人事部门人员进行沟通，反映自己的意见和要求，提出希望达成的目标。通过双方协商，解决问题，以此保障劳动者合法权益。

（2）企业劳动争议调解委员会调解。如双方不愿协商，或通过协商仍达不成一致意见，劳动者可以向本企业劳动争议调解委员会申请调解。对于有争议的事项，劳动争议调解委员会根据法律规定及合同条款规定，提出解决问题的合理办法，并与劳动者及用工单位协商沟通，达成一致意见，以此保障双方权益。

申请调解可以采取口头形式，也可以采取书面形式。调解委员会在收到调解申请后4日内做出受理或不受理的决定。对不予受理的调解申请，调解委员会将向申请人说明理由，并提出处理的其他办法或意见。

（3）劳动争议仲裁委员会仲裁。劳动争议仲裁委员会一般设在当地人力资源和社会保障局（所），是政府设立的劳动就业管理行政组织，专门负责处理不愿接受调解的劳动争议。

并不是所有劳动争议都可以申请劳动争议仲裁。可申请仲裁的劳动争议主要限于：企业辞退职工或职工要求辞职方面的争议，工资福利及社会保险方面的争议，教育培训方面的争议，劳动安全与劳动卫生方面的争议。

劳动者申请劳动争议仲裁要注意申请时限，如果超过时限，相关部门就不会受理。根据规定，当事人从知道自己的权益被侵害之日起60日内，要以书面形式向仲裁委员会申请仲裁。仲裁委员会应当自收到申诉书之日起7日内做出受理或不予受理的决定。仲裁庭处理劳动争议应当自组成仲裁庭之日起60日内结束。案情复杂需要延期的劳动争议，经报仲裁委员会批准，可以适当延期，但延长的期限不得超过30日。

申请仲裁要提交书面申请，书面申请要写明：职工当事人姓名、职业、住址和工作单位，企业名称、地址和法定代表人姓名及职务，仲裁请求和所根据的事实或理由，证据、证人的姓名和住址。提交申请书时还要按照被诉人数提交副本。

故事品鉴

昕宇是当地有名的川菜厨师，经人介绍到一家餐饮公司工作。在协商签订劳动合同时，当着介绍人的面，老板许诺给昕宇厨师长职位，月薪不低于6 000元。昕宇在劳动合同上签字后，老板将劳动合同一式两份均收回，表示回公司盖章后再将应由昕宇收执的一份劳动合同交给她。几天后，昕宇向老板讨要自己的那份劳动合同，老板称工作忙，还没来得及盖章。昕宇对此也没有太在意，于是一直拖了下去。昕宇开始工作后，公司一直没有兑现让她当厨师长的承诺，每月工资只有 3 000 元，与当初劳动合同上的约定数额差得很远。昕宇找老板要求兑现劳动合同上的承诺，却一直被老板以种种借口拒绝。一气之下，昕宇要求解除劳动合同。老板拿出劳动合同声称一直按劳动合同约定执行，如果昕宇要解除劳动合同，应赔偿公司损失。昕宇这时才发现，两份劳动合同上均做了修改。气愤之下，昕宇决定向当地劳动争议仲裁委员会请求仲裁，裁决劳动合同无效。第二天，昕宇写好仲裁申请书，送达当地劳动争议仲裁委员会，工作人员听完昕宇的叙述，当即决定受理这一劳动争议。又过了一个星期，仲裁委员会组成了仲裁庭，对劳动争议进行了审理，经双方协商同意，公司补偿昕宇三个月工作期间的工资 9 000 元，双方解除劳动合同关系。

点评

本案例中，昕宇尽管知晓劳动合同对劳动权益的维护十分重要，但在签订劳动合同时却忽视了重要条款内容及合同原件保存。在权益受到侵害时，除了通过合同来维护自己的权益，劳动者还可以通过劳动争议仲裁来解决劳动争议，维护自己的合法权益。

（4）人民法院判决。发生劳动争议，当事人如对仲裁裁决不服，可以向人民法院起诉，请求人民法院审判，以此维护劳动者合法权益。

向人民法院起诉要写起诉书。一份完整的起诉书应当写明下列事项：一是当事人姓名、性别、年龄、民族、职业、工作单位、企业法人名称和地址、法定代表人姓名和职务；二是诉讼请求所根据的事实与理由；三是证据和证词来源、证人姓名和住所。

起诉也要注意时限，必须是在收到仲裁裁决书之日起的 15 日内。人民法院民事审判庭受理或审理劳动争议案件，其审理期限为 6 个月。有特殊情况需要延长的，经院长批准可以延长。当事人对一审判决不服，还可以提起上诉，由更高一级人民法院进行审理。二审判决是生效的终审判决，当事人必须执行，不得上诉。

劳动争议不能直接向人民法院起诉，只有经仲裁裁决或仲裁委员会不予受理的案件，才可以向人民法院起诉。

三、通过劳动监察机构维护劳动保护权益

我国《劳动保障监察条例》规定，劳动保障监察是指劳动保障行政机关依法对

用人单位遵守劳动保障法律、法规的情况进行监督检查，发现和纠正违法行为，对违法行为依法进行行政处理或行政处罚的行政执法活动。实施劳动保障监察对于促进劳动保障法律和法规的贯彻实施、监控劳动力市场秩序、维护劳动关系双方当事人合法权益以及推动劳动保障部门依法行政都具有十分重要的意义。

劳动保障监察的内容主要是国家法定的劳动标准和事项，以及社会保险的执行情况。例如，用人单位是否遵守录用和招聘职工规定的情况、遵守有关劳动合同规定的情况、遵守女职工和未成年工特殊劳动保护的情况、遵守工资支付规定的情况、遵守社会保险规定的情况以及用人单位制定的劳动规章制度是否合法等。如果劳动者发现或认为用人单位侵犯了自己的合法权益，可以向劳动保障监察机构举报，通过劳动监察的处理来维护劳动者劳动保护合法权益。

1. 通过劳动保障监察人员的监督和检查维护劳动者劳动保护权益

劳动保障监察部门通过组织人员对用人单位进行定期检查和不定期的抽查，及时发现用工单位在劳动保护中的问题，督促企业采取整改措施，切实保护劳动者的权益。

劳动保障监督和检查的方式主要包括：日常巡逻监督检查，即劳动保障监察人员以一定的时期巡视用人单位及劳动场所，及时发现违法行为，依法处理违法事件；二是采取举报专查，即劳动保障监察部门接到劳动者举报，及时组织监察人员对用人单位进行专项检查，核实反映的情况，纠正并查处用工单位的违法行为；三是采取劳动保障年检，即劳动保障监察部门对用人单位进行年度全面劳动检查，查验用人单位是否全面落实劳动保护法律、法规，是否有违反法律、法规的行为，是否有劳动者举报。

2. 通过劳动者的检举维护劳动保护权益

劳动者可以在遇到以下情况时向劳动保障监察机构检举，要求劳动保障监察部门做出处理。

一是用人单位有违反录用和招聘职工规定的行为，如招用童工、收取风险抵押金、扣押身份证等行为。

二是用人单位有违反有关劳动合同规定的行为，如拒不签订劳动合同、违法解除劳动合同、解除劳动合同后不按国家规定支付经济补偿金、国有企业终止劳动合同后不按规定支付生活补助费等。

三是用人单位违反女职工和未成年工特殊劳动保护规定，如安排女职工和未成年工从事国家规定的禁忌劳动，未对未成年工进行身体健康检查等。

四是用人单位违反工作时间和休息休假规定，如超时加班加点、强迫加班加点、不依法安排劳动者休息等。

五是用人单位违反工资支付规定，如克扣或无故拖欠工资，拒不支付加班加点工资，拒不遵守最低工资保障制度规定等。

六是用人单位制定的劳动规章制度违反法律法规，如用人单位规章制度规定劳动者不参加社会保险，工伤责任自负等。

 故事品鉴

晓蓉技校毕业后，被四川一家大型机械公司录用为车工。刚到公司报到时，晓蓉就提出要与公司签订劳动合同，明确工作内容、工资待遇、劳动安全卫生保障等事项，但公司人事管理人员以种种借口拖延不签。到了年底，晓蓉领了工资准备回中江县老家过年，在跟经理请假时，经理要求晓蓉把身份证留下，理由是担心晓蓉过完年后如不来上班，公司会受很大损失。晓蓉认为，公司不签订劳动合同本身就违法了，这次要扣身份证，更是错上加错，坚决不同意，但又不知道怎样来维护自己的合法权益。

> **想一想**
>
> 你认为晓蓉可以采取哪些方式来维护自己的合法权益？

 点评

本案中，劳动者权益受到明显侵害。针对本案中的劳动争议，劳动者为维护自己的合法权益，可以向公司人事管理人员申诉，要求公司按《劳动合同法》的规定与当事人签订劳动合同。同时，对公司扣留身份证的不当行为提出异议，因为国家法律、法规明确规定企业无权扣留员工身份证件。如与公司协商不成，当事人可以向当地劳动监察部门报告，通过监察人员的协助维护自身的合法权益。

 **相关链接**

《劳动保障监察条例》关于劳动保护方面的条款内容

第十一条 劳动保障行政部门对下列事项实施劳动保障监察

（一）用人单位制定内部劳动保障规章制度的情况。

（二）用人单位与劳动者订立劳动合同的情况。

（三）用人单位遵守禁止使用童工规定的情况。

（四）用人单位遵守女职工和未成年工特殊劳动保护规定的情况。

（五）用人单位遵守工作时间和休息休假规定的情况。

（六）用人单位支付劳动者工资和执行最低工资标准的情况。

（七）用人单位参加各项社会保险和缴纳社会保险费的情况。

（八）职业介绍机构、职业技能培训机构和职业技能考核鉴定机构遵守国家有关职业介绍、职业技能培训和职业技能考核鉴定的规定的情况。

（九）法律、法规规定的其他劳动保障监察事项。

第二十三条 用人单位有下列行为之一的，由劳动保障行政部门责令改正，按照受侵害的劳动者每人1 000元以上5 000元以下的标准计算，处以罚款：

（一）安排女职工从事矿山井下劳动、国家规定的第四级体力劳动强度的劳动或者其他禁忌从事的劳动的。

（二）安排女职工在经期从事高处、低温、冷水作业或者国家规定的第三级体力劳动强度的劳动的。

（三）安排女职工在怀孕期间从事国家规定的第三级体力劳动强度的劳动或者孕期禁止从事的劳动的。

（四）安排怀孕7个月以上的女职工夜班劳动或者延长其工作时间的。

（五）女职工生育享受产假少于90天的。

（六）安排未成年工从事矿山井下、有毒有害、国家规定的第四级体力劳动强度的劳动或者其他禁忌从事的劳动的。

思考与体验

1. 《劳动法》规定了劳动者享有哪些劳动保护权利？

2. 我国法律对女职工及未成年工都有哪些特殊劳动保护规定？

3. 劳动者在劳动保护方面应尽到哪些义务？

4. 维护劳动者合法权益有哪些途径？

第三章 劳动防护用品与安全标识、标志

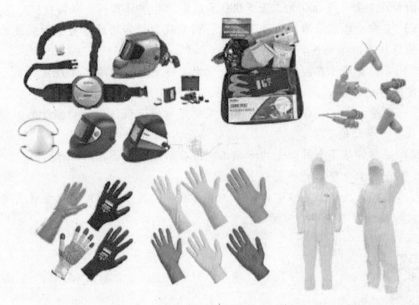

　　为了保护劳动者人身安全，除了在生产劳动过程中要严格遵守安全操作规程，提高劳动安全意识外，劳动者还需要在生产劳动过程中正确使用劳动防护用品，如手套、安全帽、防尘罩等。此外，劳动者还需要完全了解生产环境中各种安全标志、安全标识所表示的安全提示、警示或指示意义，以便了解生产环境的安全状态，提醒自己提早注意或提前采取必要措施，以防发生安全事故，确保劳动者的人身安全。

　　因此，本章主要介绍劳动防护用品的种类、不同工种的劳动防护用品配置，讲解各种安全色及安全标志的基本含义。

第一讲　劳动防护用品

劳动防护用品一般是指为保护劳动者在生产过程中的人身安全和身体健康所必备的各种防御性装备，又称个人劳动防护用品。从某种意义上来讲，劳动防护用品是劳动者防止职业毒害和劳动伤害的最后一项有效保护措施。尤其在劳动条件差、危害程度高或集体防护措施起不到防护作用的情况下（如抢修或检修设备、野外露天作业、处理事故或隐患等情况），个人劳动防护用品往往会成为劳动保护的主要措施。

> **想一想**
>
> 你还见过哪些劳动防护用品？说说它们的劳动保护用途。

劳动防护用品在生产劳动过程中是必不可少的生产性装备，企业应按照国家有关规定按时足额发放，不得任意削减；广大职工也要十分爱惜，认真管好、用好各种劳动防护用品。

一、劳动防护用品的种类

劳动防护用品的种类较多，可以按保护人体的不同生理部位分类，也可以按劳动防护用品的防护用途分类。

1. 按保护人体的不同生理部位分类

（1）头部保护用品：如安全帽、防寒帽、矿工帽、女工防护帽等。

（2）呼吸器官保护用品：如防尘口罩、防毒口罩、滤毒护具、氧气呼吸器等。

（3）眼及面部保护用品：如防护眼镜、焊接护目镜、面罩、炉窑护目镜等。

（4）手足保护用品：如绝缘手套、防酸碱手套、防寒手套、绝缘鞋、防酸碱鞋、防寒鞋、防油鞋、皮安全鞋等。

（5）听觉保护用品：如耳塞、耳罩、头盔等。

图3—1所示为焊接作业时劳动防护用品的使用与配置。焊接作业时会产生强烈的弧光，刺激眼睛；会产生有毒、有害气体，通过呼吸道对人体产生危害；会形成高温熔渣，烫伤身体；会发生触电事故，对人的生命安全造成威胁。为保护劳动者免遭

焊接作业中的各种伤害，应为作业人员提供全方位的劳动防护用品，如防护面罩、绝缘手套、防烫鞋等。

图 3—1　焊接作业要配备劳动防护用品

2. 按劳动防护用品的防护用途分类

（1）防尘用品：如防尘服、耳罩、防尘口罩等。

（2）防毒用品：如防毒口罩、滤毒护具、氧气呼吸器等。

（3）防酸碱用品：如防酸碱服、防酸碱手套、防酸碱鞋等。

（4）防油用品：如防油鞋等。

（5）防高温及防辐射用品：如焊接护目镜及面罩、炉窑护目镜及面罩等。

（6）防火用品：如阻燃服等。

（7）高空作业用品：如安全帽、安全带、安全绳等。

（8）防噪用品：如耳塞等。

（9）防冲击用品：如防护眼镜、头盔、皮安全鞋等。

（10）防放射性用品：如防放射服等。

（11）绝缘和防触电用品：如防静电服、绝缘手套、绝缘鞋等。

（12）防寒用品：如防尘服、防寒手套、防寒鞋、防寒帽等。

 相关链接

常见劳动防护用品

安全带

耳塞

耳罩

防尘口罩

防毒口罩

防酸碱眼镜

防尘服

氧气呼吸器

防水鞋

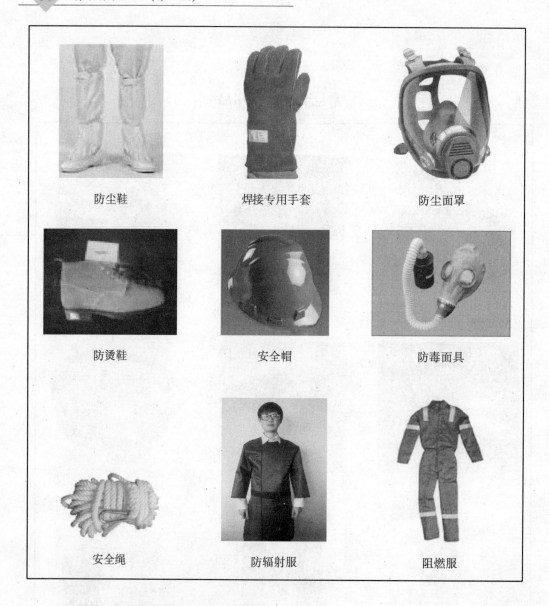

防尘鞋　　　　　　　　焊接专用手套　　　　　　防尘面罩

防烫鞋　　　　　　　　安全帽　　　　　　　　防毒面具

安全绳　　　　　　　　防辐射服　　　　　　　阻燃服

二、劳动防护用品的使用和配备

　　为了指导用人单位合理配备、正确使用劳动防护用品，保护劳动者在生产过程中的安全和健康，确保安全生产，根据《中华人民共和国劳动法》及其他相关劳动保护法律要求，分别制订了《劳动防护用品配备标准》《劳动防护用品选用规则》和《劳动防护用品监督管理规定》等行政法规。

"标准"要求用人单位采购、发放和使用的特种劳动防护用品必须具有安全生产许可证、产品合格证和安全鉴定证。用人单位应建立和健全劳动防护用品的采购、验收、保管、发放、使用、更换、报废等管理制度，应有专人负责劳动防护用品的使用、配备和发放，具体要求见表3—1。

 相关链接

表3—1　　　　　　　　　　　劳动防护用品配备标准

序号	典型工种名称	工作服	工作帽	工作鞋	劳防手套	防寒服	雨衣	胶鞋	眼护具	防尘口罩	防毒护具	安全帽	安全带	护听器
1	商品送货员	√	√	fz	√	√	√	jf						
2	冷藏工	√	√	fz	√	√		jf						
3	加油站操作工	jd	jd	fz jd ny	√	jd		jf hy						
4	仓库保管工	√	√	fz	√									
5	机舱拆解工	√	√	fz cc		√	√	jf	cj	√		√	√	
6	农艺工	√	√	√		√	√	√						
7	家畜饲养工	√	√	√	fs									
8	水产品干燥工	√	√	√				√						
9	农机修理工	√	√	fz					cj					
10	带锯工	√	√	fz	fz			√	cj	√				√
11	铸造工	zr	zr	fz	zr	√			hw cj	√		√		
12	电镀工	sj	sj	fz sj	sj	√		sj	fy		√			
13	喷砂工	√	√	fz				√	jf	cj				
14	钳工	√	√	fz					cj					
15	车工	√	√	fz					cj					
16	油漆工	√	√	√							√			
17	电工	√	√	fz jy	jy			√				√		

序号	典型工种名称	工作服	工作帽	工作鞋	劳防手套	防寒服	雨衣	胶鞋	眼护具	防尘口罩	防毒护具	安全帽	安全带	护听器
18	电焊工	zr	zr	fz	√	√			hj			√		
19	冷作工	√	√	fz	√	√			cj			√		
20	绕线工	√	√	fz	√				fy					
21	电机装配工	√	√	fz	√							√		
22	制铅粉工	sj	√	fz sj	sj	√			fy	√	√			
23	仪器调修工	√	√	fz	√									
24	热力运行工	zr	√	fz		√								
25	电系操作工	√	√	fz jy	jy		√		jf jy			√	√	
26	开挖钻工	√	√	fz	√	√	√		jf	cj	√	√	√	√
27	河道修防工	√	√	√	√	√	√		jf					
28	木工	√	√	fz cc	√			√	cj	√				
29	砌筑工	√	√	fz cc	√	√		√	jf		√			
30	泵站操作工	√	√	fz	fs	√		√						
31	安装起重工	√	√	fz	√	√		√	jf			√	√	
32	筑路工	√	√	fz	√	√			jf	fy	√			√
33	下水道工	√	√	fs	√			√	fy		√			
34	沥青加工工	√	√	fz	fs			√	jf	fy				
35	机械煤气发生炉工	zr	√	fz	√						√			
36	液化石油气罐装工	jd	jd	fz jd	√	√								
37	道路清扫工	√	√	√	√	√	√	√		√				
38	配料工	√	√	fz	√				√	√		√		
39	炉前工	zr	zr	fz	zr				hw	√		√		
40	酸洗工	sj	sj	fz sj	sj	√		sj	fy		√			
41	拉丝工	√	√	fz	√	√			cj					

续表

序号	典型工种名称	工作服	工作帽	工作鞋	劳防手套	防寒服	雨衣	胶鞋	眼护具	防尘口罩	防毒护具	安全帽	安全带	护听器
42	碳素制品加工工	√	√	fz	√	√			√	√				
43	炼胶工	√	√	fz	√			jf		√				
44	纺织设备保全工	√	√	fz	√									
45	挡车工	√	√	√										
46	造纸工	√	√	fz										
47	电光源导丝工	√	√	fz						√				
48	油墨颜料制作工	√	√	fz ny	ny						√			
49	酿酒工	√	√	√		√	√	√						
50	制革鞣制工	√	√	fz	√	√	√	√			√	√		
51	圆珠笔芯制作工	√	√	√										
52	塑料注塑工	√	√	fz										
53	工具装配工	√	√	fz						√				
54	试验工	√	√	√										
55	机车司机	√	√	√		√				√				
56	汽车驾驶员	√	√	√				√	zw					
57	汽车维修工	√	√	fz				√	fy					
58	船舶水手	√	√	fz			√	jf	zw					
59	灯塔工	√	√	√				jf	√					
60	无线电导航发射工	√	√	√										
61	机械操作工	√	√	fz		√	√	jf					√	
62	电影洗片工	√	√	√										
63	水泥制成工	√	√	fz	√			jf	fy	√				
64	玻璃熔化工	zr	√	fz	zr	√			hw	√				
65	玻璃切裁工	√	√	fz	fg	√			cj					
66	玻纤拉丝工	√	√	fz										
67	玻璃钢压型工	√	√	fz					jf		√	√		
68	砖瓦成型工	√	√	fz	√	√	√		jf	√				

序号	典型工种名称	工作服	工作帽	工作鞋	劳防手套	防寒服	雨衣	胶鞋	眼护具	防尘口罩	防毒护具	安全帽	安全带	护听器
69	包装工	√	√	fz	√									
70	卷烟工	√	√	√						√				
71	合成药化学操作工	√	√	√	√	√			jf	fy				
72	CT 组装调试工	√	√	fz	√									
73	计算机调试工	√	√	√										
74	电解工	sj	sj	fz sj	sj	√			√	√				
75	配液工	sj	sj	sj	sj	√			√	√				
76	挤压工	√	√	fz ny	√	√			cj				√	
77	研磨工	√	√	fz					√	√				
78	线材轧制工	√	√	fz	√					√				√
79	成衫染色工	√	√	√	√			√						
80	钟表零件制造工	√	√	√										
81	陶瓷机械成型工	√	√	fz					√	√				
82	检验工	√	√	fz										
83	制卤工	√	√	√	√		√	√	√					
84	糖机工	√	√	√	√		√	√						
85	生牛（羊）乳预处理工	√	√	√	√		√	√						
86	皮鞋划裁工	√	√	√										
87	釉料工	√	√	√										
88	车站（场）值班员	√	√	√		√	√	√						
89	汽车客运服务员	√	√	√		√	√	√						
90	邮电营业员	√	√	√		√	√	√						
91	文物修复工	√	√	√	√					√				
92	石棉纺织工	√	√	√	√				fy	√				
93	建筑石膏制备工	√	√	fz				√		√				
94	塔台集中控制机务员	√	√	√										
95	海洋水文气象观测工	√	√	√		√	√	√	fy					

续表

序号	典型工种名称	工作服	工作帽	工作鞋	劳防手套	防寒服	雨衣	胶鞋	眼护具	防尘口罩	防毒护具	安全帽	安全带	护听器
96	长度量具计量检定工	√	√	√										
97	中药临方制剂员	√	√	√	√	√			fy					
98	天文测量工	√	√	√		√	√	√	fy					
99	印制电路照相制版工	√	√	√	√									
100	钨铜粉末制造工	√	√	fz					√	√				
101	单晶制备工	√	√	fz										
102	光敏电阻制造工	√	√	√										
103	光电线缆绞制工	√	√	fz										
104	石油钻井工	√	√	fz ny			√	ny	√			√		
105	采煤工	√	√	fz				√		√		√		
106	中式烹调师	√	√	√				√						
107	旅店服务员	√	√	√										
108	尸体防腐工	√	√	√				√			√			
109	印刷工	√	√	√										
110	牛羊屠宰工	√	√	fz				√						
111	制粉清理工	√	√						√	√				
112	化工操作工	sj	sj	fz sj	√				√	√				
113	化纤操作工	√	√	√										
114	超声探伤工	ff	ff	fz	fs	√								
115	水产养殖工	√	√	√				√						
116	调剂工	√	√	√	√					√				

注释：

cc——防刺穿	cj——防冲击	fg——防割	ff——防辐射
fh——防寒	fs——防水	fy——防异物	fz——防砸（1~5 级）
hj——焊接护目	hw——防红外	jd——防静电	jf——胶面防砸
jy——绝缘	ny——耐油	sj——耐酸碱	zr——阻燃耐高温
zw——防紫外			

第二讲　安全标识——安全色

　　安全标识是指通过不同颜色及其组合，表述工作环境的安全状态，以此提醒或警示在场人员注意安全。

　　安全标识在劳动保护中，多以红、黄、蓝、绿四种安全色及其组合，采用一定的形象，醒目地给人们以提示、提醒、指示、警告或命令。如果说红灯、黄灯、绿灯是行人、车辆驾驶人员和交通民警之间的通用语，那么安全色就是企业职工在安全生产中的通用语。工作环境中的各种安全色时刻提醒人们要注意安全，防止事故发生；指示人们不要进入危险场所，不要做可能引起危害的事情。一旦遇到意外紧急情况时，安全色（或安全标志）还可以提醒并引导人们及时、正确地采取应急措施，安全撤离事故现场。

　　不同的颜色会给人们以不同的感受。如森林着火，人们看到红色的火焰，就会感到有危险；看到人体流出鲜红的血液，就感到触目惊心。而当看到碧绿、广阔的原野和森林，蔚蓝的天空就会感到心情舒畅、平静。安全色就是根据不同颜色会使人们产生不同的感受这个特性来确定的。国家标准把红、黄、蓝、绿四种颜色确定为安全色，根据这些颜色对人们产生的不同感受，分别给予每种颜色以不同的安全含义，其含义及用途见表3—2。

一、红色

　　红色比较醒目，易使人在心理上产生一种兴奋感和醒目感。同时由于红色光波波长比其他颜色光波波长更长，不容易被微尘、雾粒散射，所以在较远的地方也容易辨认。也就是说，红色的注目性很高，便于人们识别，多用于表示危险、禁止、紧急停止等信号。

二、黄色

　　黄色是一种明亮的颜色。黄色和黑色相间组成的条纹是视认性最高的色彩，特别能引起人们的注目，所以多用于警告、注意等颜色。

 相关链接

表3—2　　　　　　国家标准《安全色》中颜色的含义及用途

颜色	含义	用途
红色	禁止、停止 防火	禁止标志 停止信号：机器、车辆上的紧急停止手柄或按钮以及禁止人们触动的部位
蓝色	指令 必须遵守的规定	指令标志：如必须佩戴个人防护用具道路上指引车辆和行人行驶方向的指令
黄色	警告 注意	警告标志 警戒标志：如厂内危险机器和坑池边周围的警戒线 行车道中线 机械齿轮箱内部 安全帽
绿色	提示 安全状态 通行	提示标志 车间内的安全通道 行人和车辆通告标志 消防设备和其他安全保护设备的位置

三、蓝色

蓝色虽然注目性和视认性都不太好，但与白色配合使用效果较好。特别是在阳光照射下，蓝色和白色衬托出的图像或标志看起来明显，所以多被选用为指令标志的颜色。

四、绿色

绿色虽然注目性和视认性都不高，但绿色使人感到舒服、平静和安全，所以多选用于安全提示、安全状态等颜色。

五、对比色

为了使红、绿、黄、蓝四种安全色表示的标志更醒目，常用白色和黑色作为四种

安全色的对比色。在对比色搭配中，用黑色作为黄色的对比色，用白色作为红、蓝、绿三种安全色的对比色。

对比色的应用如下：

1. 用黄色和黑色相间形成的条纹对比色表示警告、危险的含义，如工矿企业内部的防护栏杆、起重机吊钩的滑轮架、平板拖车排障器、低管道常采用黄黑相间条纹。

如图3—2所示为常见的门岗用防护栏杆，黄黑相间对比色更醒目，更能引起行人或驾驶人员的注意，以此达到警示或引导的作用。

图3—2　黄黑相间防护栏杆

2. 用蓝色和白色相间形成的条纹对比色表示指示方向的含义，如交通指示导向标。

3. 用红色和白色间隔形成的条纹对比色表示禁止超过的含义，如道路上的防护栏杆和隔离墩。

相关链接

间隔条纹对比色的含义和用途见表3—3。

表3—3　　　　　　　　　　　间隔条纹对比色的含义和用途

颜色	含义	用途
红色与白色	禁止越过	交通、公路上用的防护栏杆
黄色与黑色	警告危险	工矿企业内部的防护栏杆，吊车吊钩的滑轮架，铁路和公路交叉道口上的防护栏杆
蓝色与白色	指示	交通指向导向标

第三讲　安全标志

　　安全标志是由安全色、几何图形和图形符号构成的，用于警示、禁止、提示，以引起人们对不安全因素的注意，预防安全事故的发生。安全标志一般含义简明、清晰易辨、引人注目，没有过多的文字说明，甚至不用文字说明，使人一看就知道它所表达的安全信息含义。

　　在国家标准《安全标志及其使用导则》（GB 2894—2008）中共规定了 67 个安全标志（见封二、封三彩图）。这些标志，从其含义来划分，可以分成四大类，即禁止、警告、指令和提示标志（见表3—4）。各类标志采用各种不同的几何图形来表示。

> 🔔 **提示**
>
> 　　关于安全标志，企业还可以根据实际情况，自己设计图案或符号，以此满足不同安全警示或指示需要。

 相关链接

表3—4　　　　　　　　　　　　　四类安全标志及其含义

图形	颜色	含义
⊘	红	禁止
△	黄	警告
●	蓝	指令
▬	绿	提示

一、禁止标志

禁止标志为圆形内画一斜杠，并用红色描画成较粗的圆环和斜杠，背景采用白

色，表示"禁止"或"不允许"的含义。

在圆环内还可画简单、易辨的图像，这种图像即称为"图形符号"。在日常生活中，人们习惯用"×"表示禁止或不允许，为什么这里不用"×"而用斜杠（＼）呢？这是因为在圆环内如果用"×"，则圆环内的图形符号就不容易看清楚，效果就不好。另外，目前世界各国的禁止标志都是采用圆环内加一斜杠的几何图形来表示的。GB 2894—2008 也采用了上述的禁止标志几何图形，这种表示更便于国际通用。

禁止标志圆环内的图像采用黑色绘画，背景用白色；说明文字设在几何图形的下面，文字用白色，背景用红色。

图 3—3 所示为禁止行人通行的安全标志，用红色圆环加斜杠表示禁止，用行人的黑色图形符号表示禁止的事物或事项。

二、警告标志

警告标志为三角形图像，用于警告人们注意可能发生的各种危险。

三角图形的背景是黄色，三角图形和三角内的图像均用黑色描绘。黄色是有警告含义的颜色，在对比色黑色的衬托下，绘成的"警告标志"就更引人注目。

图 3—4 所示为当心触电的警告标志，用黑色三角形配黄色背景表示警告，用闪电的形象图案表示触电危险，以此警告作业人员保持距离，当心触电。

图 3—3　禁止标志——禁止行人通行　　　图 3—4　警告标志——当心触电

三、指令标志

指令标志为一圆环。圆形内配上指令含义的颜色——蓝色，并用白色绘画必须履行的图形符号，构成"指令标志"，要求到这个地方的人必须遵守。

建筑工地附近都设有"必须戴安全帽"的指令标志（见图 3—5），进入工地的任何人必须戴上安全帽。工地的任何人都可以禁止不戴安全帽的人进入施工现场，以免发生意外。

图 3—5　指令标志——必须戴安全帽

四、提示标志

提示标志的含义是向人们提供某种信息（指示目标方向、标明安全设施或场所等）。几何图形是长方形，按长边和短边的比例不同，分为一般提示标志和消防设备提示标志两类。提示标志的图形背景为绿色，图形符号及文字为白色。

如图 3—6 所示为紧急出口提示标志，用以提示人们在遇到安全事故时及时找到安全出口。

图 3—6　提示标志——紧急出口

1. 劳动防护用品是如何分类的？
2. 列举常用的劳动防护用品，说明其主要功能和使用、佩戴方法（如有实物，可以示范操作）。
3. 举例说明安全标志的名称及在劳动保护中的作用。

第四章 加工作业安全知识

　　加工作业安全知识是指劳动者在劳动生产过程中，为防止安全事故的发生，保障劳动者人身安全而应掌握的基本操作规程、安全注意事项、劳动安全技术等知识的总称。

　　在生产过程中，由于一些作业环境存在着对劳动者安全与健康不利的因素，一些生产设备和工具存在着安全隐患，所采取的工艺过程和操作方法存在着一定的缺陷，这些都有可能引起各种安全事故，造成人员伤亡和财产损失。为了预防事故的发生，减轻各种环境因素对劳动者的健康危害，企业必须采取有效措施以保障生产过程中设备和人身安全，劳动者自身也应掌握一些基本的劳动安全知识，在生产作业时严格按操作规程去做，严格按规定方法去做。因此，掌握安全作业知识并严格按照安全规程去做，这对于保护劳动者人身安全十分重要。

　　不同行业有不同的工作特点，也有不同的职业风险，因此也有不同的安全作业知识，如矿山安全知识、建筑安全知识、冶金安全知识、机械加工作业安全知识、化工作业安全知识、交通运输安全知识等。安全作业知识也可按工种划分，如机械加工作业安全知识、电气作业安全知识、起重吊运作业安全知识、焊接作业安全知识、金属冶炼作业安全知识、热处理作业安全知识、机动车驾驶安全知识、锅炉操作安全知识、压力容器操作安全知识等。本章主要从不同工种应当掌握的安全知识角度来介绍安全作业基本知识。

第一讲 机械加工作业安全知识

机械加工，即对金属材料进行加工，使其达到图纸规定的技术要求。在机械加工过程中，使用的机械设备处于高速运转状态，操作者如有不慎，就有可能引发安全事故，造成设备损毁或人员伤亡。机械加工过程中，还由于金属融化或金属温度较高，操作者如未掌握安全技术，不按规定程序去做，操作中容易被高温工件或融化的金属烫伤，造成身体伤害。为减少机械加工中安全事故的发生，操作者应掌握机械加工安全技术，严格按机械加工工艺规程去做。这样，才可以减少机械加工中的身体伤害，才能避免安全事故的发生。

机械加工按其工艺特点，可以细分为切削加工、冲压加工、磨削加工、焊接加工。由于不同的加工工艺有着不同的安全隐患，劳动者需要根据不同岗位掌握不同的安全知识。机械加工作业安全知识根据不同的工艺与工种，可以细分为切削加工安全知识、冲压加工安全知识、磨削加工安全知识和焊接加工安全知识。

一、机械加工基本安全知识

不同机械加工工艺方法虽有不同的安全技术要求，但这些工艺方法也有需要共同遵守的安全技术规程。这些安全规程主要包括以下 12 个方面：

1. 机械加工人员应检查机械设备是否按有关安全要求装设了合理、可靠又不影响操作的安全装置。

2. 应检查机械加工设备上的零部件是否有严重磨损和松动等现象，发现后应及时更换、修理，防止设备"带病"运行。

> **想一想**
> 在机械加工过程中，为什么不能一边加工，一边测量零件尺寸？

3. 应检查机械加工设备的电线是否有破损，设备的接零或接地等设施是否齐全、可靠。

4. 应检查机械加工中所用的电气设备是否有带电部分外露现象，绝缘设施是否完好，发现问题后应及时采取防护措施。

5. 检查设备上操作手柄的定位及锁紧装置是否可靠，发现问题应及时修理。

6. 加工作业人员在操作时应按规定穿戴劳动防护用品，机加工严禁戴手套操作，女职工应戴工作帽，且长发不得露出帽外。

7. 操作设备前应先空车运转，确认正常后再投入运行。

8. 刀具、工具、夹具、工件都要装夹牢固，不得有松动现象。

9. 不得随意拆除机械设备的安全装置。

10. 机械设备在运转时，严禁用手调整、测量工件或进行润滑、清扫杂物等工作。

11. 机械设备运转时，操作者不得离开工作岗位。

12. 工作结束后，应关闭电源开关，把刀具和工件从工作位置退出，并清理好工作场地，将零部件和工具、夹具摆放整齐，保持机械设备的清洁卫生。

二、切削加工安全知识

切削加工是采用金属切削的加工方法，将毛坯加工成机器零件的过程。在切削加工过程中使用的主要加工设备有车床、钻床、铣床、刨床、镗床等。其加工工艺特点是通过旋转或移动的刀具切削加工金属表面，切除多余材料，使工件达到尺寸要求。图4—1所示为用铣床铣削键槽。

图4—1　切削加工——利用铣床加工键槽

在切削加工中，由于机床高速运转，操作者如有不慎，可能被刀具划伤或被卷入工件和机床内，或者被快速运动的工件撞伤。在切削加工中，还由于切屑温度较高，运动速度较快，造成切屑伤害眼睛或身体其他部位的事故。

1. 切削加工中的安全事故类型

切削加工中的常见安全事故有以下五种类型：

（1）操作者身体某一部位被卷入或夹入机床运动部件，造成身体伤害。发生这类伤害事故，多是因为机床旋转部分裸露在外且未加防护装置，以及操作者的错误操作。例如，车床上旋转着的鸡心夹头、花盘上的紧固螺钉端头、露在机床外的交换齿轮、传动丝杠等，均有可能将操作者的衣服袖口、领带、头巾角等卷入，造成安全事故；车床操作者留有长发且不戴工作帽，飘散的长发极易被卷入机床内，造成操作者头皮脱落的安全事故；钻床操作者戴手套操作，被旋转着的钻头或切屑将手套连同手一起卷入，造成手掌拉断的安全事故。

（2）操作者与机床相碰撞引起伤害事故。在机械加工过程中，由于操作方法不当，用力过猛，使用工具规格不合适或已磨损，均可能使操作者撞到机床上。例如，用规格不合适或已磨损的扳手去拧螺母，并且用力过猛，使扳手打滑离开螺母，人的身体会因失去平衡而撞在机床上，造成伤害事故。操作者站立位置不当，也有可能受到机床运动部件的撞击。例如，站在平面磨床或牛头刨床运动部件的运动范围内，若注意力没有集中到机床上，就有可能被平面磨床的工作台或牛头刨床的滑枕撞上。

（3）操作者被飞溅的切屑划伤或烫伤。飞溅的磨料和崩碎的切屑极易伤害人的眼睛。据统计，在切削加工过程中，眼睛受伤的比例约占伤害事故的35%。

（4）操作者跌倒造成伤害事故。这类伤害事故主要是由于工作现场环境不好，如照明不足，地面不平整，地面油污过多，机床布置不合理，通道过于狭窄，零部件堆放不合理等，都有可能使操作者滑倒或被绊倒，造成身体伤害。

（5）切削加工用切削液对皮肤侵蚀和切削噪声对人体造成危害。切削加工时，为冷却刀具，需要边加工边使用切削液来降低刀具温度。为提高切削液的冷却速度，切削液中都加有化学材料，对人体皮肤有较强的侵蚀作用。同时，也由于加工中刀具与工件摩擦，产生较高分贝的噪声，这对操作者将形成一定的健康危害。

2. 引起切削加工安全事故的主要原因

引起切削加工安全事故的原因可以归纳为以下五个方面：

（1）安全操作规程不健全，安全管理不善，对操作者缺乏基本训练。例如，操作者不按安全操作规程操作，没有穿戴合适的防护服，工件或刀具没有夹持牢固就开动机床，在机床运转中调整或测量工件、清除切屑等。这些不按规定操作的行为都有可能引起安全事故。

（2）机床在非正常状态下运转。例如，机床的设计、制造或安装存在缺陷，机床部件和安全防护装置的功能失效等。

（3）工作场地环境不好。例如，照明不足，温度或湿度不适宜，噪声过高，地面或脚踏板被切削液弄脏，设备布置不合理，零件或半成品堆放不整齐等。

（4）工艺规程和工艺装备不符合安全要求，采取新工艺时无相应的安全保障措施。

（5）采取的防护措施不当，不能有效预防安全事故的发生。

3. 切削加工安全知识

为减少安全事故的发生，保障劳动者的人身安全，操作人员应掌握以下八个方面的切削加工安全技术：

（1）操作者在上岗之前应经过专门培训，取得相关加工设备的操作证书。

（2）操作者在上岗时应先熟悉机床特点和安全操作规程，掌握安全技术并接受专业人员的安全操作检查。

（3）检查机床安全防护装置，机床的危险部分是否有设计合理、安装可靠和不影响操作的防护装置（如防护罩、防护挡板和防护栏等），是否有松动或脱落等现象。如发现安全防护装置存在问题，应立即组织人员检修，经检验合格后方能启动机器；如发现有松动或脱落现象，应紧固设备、夹具、工件，使设备处于安全状态，保持工件固定可靠。

（4）检查机床上安装的保险装置，如超负荷保险装置、行程保险装置、顺序动作联锁装置和制动装置等，看其是否齐全，功能是否正常有效。

（5）在切削加工过程中发现有异样，如有异响、异味，有冒烟、冒火情况，有失控现象，应立即停止操作，对设备进行检修。检修应在切断电源后才能进行。

（6）检查生产现场是否有足够的照明，能否看清设备和工件的各个部位。

（7）对噪声超过国家标准规定的机床，应查明原因，并采取降低噪声的措施。

（8）女职工在切削加工作业中更应注意掌握安全技术。第一，女职工在加工作业时要戴工作帽，如头发过长，一定要将其塞入工作帽内，以免头发被卷入机床；第二，不要穿高跟鞋上班，以免站立不稳，造成摔伤；第三，不要穿裙子作业，最好穿工作服，这样可以避免切屑刺伤或烫伤身体（见图4—2）。因此，女职工在切削加工作业时一定要戴工作帽，要穿工作服，穿平底鞋或配备的劳保鞋，这样可以大幅减少安全事故的发生。

图 4—2 女职工的不当装束可能引起切削加工安全事故

故事品鉴

　　黎佳在一家机械厂做车工工作。一天，工组长将一份生产任务单交给黎佳，要求在三天内完成 100 件汽车制动盘的车削加工任务。时间紧，任务重。黎佳为赶进度，放弃了午休时间，加班加点工作。到了第三天下午，工件还有 10 件未加工完成。黎佳一着急，在固定工件时，三爪卡盘未拧紧即开动车床加工，工件由于固定不牢，在加工不到几分钟后松脱，导致车刀与工件发生猛烈撞击，火星四溅，车床导轨严重损毁。幸好在发生事故时黎佳及时跑离现场，未造成人员伤亡。工组长跑来查看事故现场，发现事故原因后，严厉批评黎佳，要求黎佳停止作业，回家反省，等待公司处理后再来上班。

点评

　　这次安全事故是由于机械加工作业人员不按规定要求操作造成的。在时间紧、任务重的情况下，应该牢记安全第一。每次开动机器进行加工作业前，都应固定好工件，检查没有问题后才启动电动机，开始加工作业。任何一点马虎，任何违反安全规定的操作都可能引起重大安全事故。

三、冲压加工安全知识

冲压加工是指利用冲床将金属材料（一般为板材）冲压成各种形状的零件，或在零件上冲孔、冲角及其他几何形状的过程。在机械加工事故中，冲压加工造成的伤害比例最大，一般要占到机械加工事故中的 50%。因此，应高度重视冲压加工安全工作，加强安全管理，严格操作规程，确保操作人员的人身安全。

1. 冲压加工安全事故的主要原因

由于冲床行程速度较快（最快的为 100 次/min），若企业冲压作业机械化程度不高，多采用手工操作（手工放料，手工取件），操作者在简单、频繁、连续、重复的冲压作业中容易产生疲劳，一旦操作失误，放料不准，模具移位，将有可能发生冲断手指甚至冲断手掌的重大伤害事故。

如图 4—3 所示为利用冲床冲压五金零件，高速上下移动的冲头在冲剪工件的同时也有可能冲压到劳动者的手指，造成安全事故。按照操作规程，作业者在零件移放过程中只能使用工具，切不可直接用手去取放工件。

图 4—3　冲压加工——用冲床冲压五金零件

2. 冲压加工安全知识

为保护冲压作业人员的人身安全，劳动者应当掌握以下三个方面的冲压加工安全知识。

（1）改革传统手工冲压工艺方式，实现机械化、自动化冲压作业，保持人手模外作业。对于大批量生产作业，企业应通过技术改造，设备引进，实行机械化、自动化冲压作业。如采用自动化、多工位冲压机械设备，采用多工位模具与机械化进料装置，采用连续模、复合模等合并工序措施。这些先进工艺技术不仅能保障冲压作业人员的人身安全，而且能大大提高生产效率和产品质量。对于小批量、多品种的冲压作业，生产难以实现自动化、机械化，企业也应尽量采取安全辅助工具进料和清料，避免操作人员身体（主要是手）与冲床的冲压部件接触，应改革模具的定位、出件、清理废料等工序，使操作过程更为安全。

（2）改造冲压设备，提高安全可靠性。目前，许多中小机械加工企业的冲压设备都较为陈旧，设备的操纵系统、电气控制系统都存在一些不安全因素。企业若继续使用这些设备，应对设备进行技术改造，修复或增加安全装置，确保冲压设备的安全运行，避免因为设备故障造成人员伤亡。

（3）安装防护装置。由于生产批量过小，在既不能实现自动化，又不能使用安全操作辅助工具的冲压作业中，企业应在设备上安装安全防护装置，以防止由于操作失误造成人身伤害。各种防护装置有各自的特点，使用不当仍然会发生伤害事故。因此，必须弄清楚各种防护装置的作用，以做到正确使用，保证操作安全。

四、磨削加工作业安全知识

磨削加工是指利用磨床或砂轮机上的砂轮对工件表面进行磨削，以去除多余部分，使工件达到规定的尺寸要求或规定的表面质量要求。

磨削加工中的安全事故主要是由于砂轮破裂，碎片飞出击伤操作人员，造成身体伤害。砂轮破碎的原因有三个，一是由于砂轮旋转速度较高，这种高速旋转使砂轮产生较大的离心力，一旦离心力超过砂轮的强度，砂轮就会破裂成碎片，并以极高的速度飞出；二是由于砂轮在磨削加工过程中会产生高温，受高温影响，砂轮也容易出现破碎，碎片飞出造成伤害事故；三是由于砂轮安装不当，使砂轮在加工过程中不断振动，造成砂轮破碎。因此，掌握砂轮安装中的安全技术，严格按磨削加工规定程序操作磨床和砂轮机，可以减少砂轮破碎的概率，切实保障磨削加工操作人员的人身安全。

如图4—4所示为利用磨床加工轴，提高表面质量的操作。高速旋转的砂轮由于多种原因可能碎裂，造成对劳动者的伤害。磨削加工时的噪声、飞溅的火星等也可能对劳动者造成伤害。因此，劳动者应掌握磨削加工的安全知识，减少或避免加工时的伤害。

1. 砂轮安装作业中的安全注意事项

砂轮的安装和固定与砂轮破损关系很大，因此，进行安装作业时应严格按安全要求去操作。

图4—4　磨削加工——用磨床磨削轴面，以达到表面质量要求

（1）砂轮在安装前要先经过回转强度试验，检验砂轮的强度。回转检验速度应不低于砂轮安全线速度的1.6倍。

（2）仔细检查砂轮有无裂纹，一般可用木锤轻轻敲打砂轮，根据发出的声音来判断砂轮质量。如声音清脆，则说明砂轮完好；如声音哑闷或有其他异常声音，则说明砂轮有裂纹。对有裂纹的砂轮不得安装及使用。

（3）调整砂轮的动平衡，尤其是较大的砂轮。通过动平衡试验可以减少砂轮在磨削加工时的振动，避免砂轮破裂。如果砂轮不平衡，不仅易发生安全事故，而且也影响加工质量和精度。对于直径在250 mm以上的大砂轮，动平衡尤为重要，每个砂轮都必须经过动平衡试验后才能安装在磨床上使用。

（4）砂轮的允许线速度应与砂轮机或磨床的转速相符合，否则禁止安装及使用。

2. 砂轮在储存、运输和使用中的安全知识

砂轮在储存、运输中，应避免碰损，防潮。使用时也应佩戴劳动防护用品。

（1）在搬运和储存砂轮过程中，不应使砂轮受到强烈的振动和撞击，否则会造成砂轮裂纹、破碎和磕边、缺口等现象，从而给砂轮使用留下安全隐患。

（2）选择不使砂轮受潮、受冻、受高温的地方存放，以确保砂轮强度。以橡胶为结合剂的砂轮要避免与油类接触，以树脂为结合剂的砂轮要避免与碱类接触，以免降低其强度。

（3）砂轮存放期不能太长，以树脂为结合剂的砂轮存放期为1年，以橡胶为结合剂的砂轮存放期为2年。对于超过存放年限的砂轮，要经过严格检验，确认无问题后方可使用。

（4）磨床或砂轮机必须安装合适的防护罩，以防止砂轮突然破裂后飞出碎片伤人。

（5）磨削加工前应使砂轮空转 2 min 左右，观察其安装是否合理，运转是否正常。磨削加工时，操作者应站在砂轮旋转方向的侧面，防止因砂轮碎片飞出而受到伤害。

（6）磨刀具的砂轮机应有活动支架，以便根据需要随时调整。一般支架与砂轮的间隙为 3 mm。操作者应戴好防护眼镜，以防砂尘和碎屑飞入眼中。

（7）使用手持式电动砂轮时，为防止电击事故，一定要安装漏电保护器。

（8）不准用砂轮磨削有色金属、木材、纤维板等。因为这些材料的磨屑极易堵塞砂轮表面，降低磨削加工效率，磨削时也容易产生打滑、振动和噪声等现象，既影响产品质量，又容易发生安全事故。

（9）砂轮磨钝后要由专人负责修整；磨刀具的砂轮出现马蹄状或沟槽时，也应及时修整，以保证磨削效率和操作安全。

（10）安装砂轮要符合要求。夹持砂轮的单面法兰夹盘盘径应不小于砂轮外径的 1/3，而且两个夹盘盘径必须相对应。砂轮内孔与心轴配合要留有适当的空隙，以免磨削加工时砂轮热膨胀没有膨胀空间，造成砂轮碎裂。但砂轮内孔与心轴的配合间隙不宜过大，否则砂轮会产生偏斜，失去平衡。固定砂轮的螺母，其螺纹应与砂轮旋转方向相反，以免因心轴转动造成螺母松脱，引起安全事故。

（11）正确选用磨削用量，这既是保证质量和效率的重要因素，又是保证安全的重要手段。首先，砂轮线速度不能超过规定的安全线速度；其次，磨削用量，包括砂轮圆周线速度、工件圆周线速度、纵向进给速度、砂轮横向或垂直进给量等，要选择适当量值。通常磨削加工量是较小的，如果任意加大磨削量，就会损坏砂轮，甚至发生事故。

（12）砂轮机应装有吸尘装置，以保障操作者不受粉尘危害。吸出的砂粒、粉尘要经过净化处理，保持作业环境清洁。

第二讲　焊接作业安全知识

焊接包括金属焊接、塑料焊接及其他材料的焊接。本讲主要介绍金属焊接安全知识。

金属焊接是指将分离的金属工件通过金属材料的熔化，从而互相连接成一体的工艺方法。金属焊接包括熔化焊、固相焊和钎焊三种方法。熔化焊可分为气焊、电弧焊和电阻焊；固相焊可分为冷压焊、爆炸焊、电阻焊。此外，金属热切割、表面堆焊、喷焊和喷涂等，虽然不属于分离金属的连接，但均是与焊接方法相近或密切相关的金属加工方法，也都存在着相近的安全隐患，因此一并就其安全知识进行介绍。

　　焊接作业安全知识，主要是指在金属焊接作业过程中涉及人身、设备和生产环境的安全技术规范及注意事项的总称。在焊接作业中，由于焊工要与各种易燃易爆气体、压力容器和电机电器接触；焊接作业要产生大量有毒气体、有害粉尘、弧光辐射、高频电磁场、噪声和射线。这些都是不安全因素，都有可能引起爆炸、火灾、触电、烫伤等安全事故，甚至导致如尘肺、中毒等职业病发生。焊接安全事故不仅危害焊接作业人员的安全与健康，而且还可能使企业财产遭受严重损失。因此，劳动者必须掌握焊接作业中的安全技术，防止焊接中的安全事故发生。

一、气焊与气割作业安全知识

1. 气焊与气割

　　气焊是利用可燃气体在纯氧中燃烧，使焊丝和母材接头处熔化，形成焊缝，从而将分离的母材连接起来的一种焊接方法。

　　气割则刚好相反，它是利用可燃气体在纯氧中燃烧，使金属在高温下达到燃点，然后借助氧气流剧烈燃烧，并在气流作用下吹出熔渣，从而将金属分离开的一种加工方法。

　　（1）气焊和气割作业使用的气体。气焊和气割使用的气体主要有乙炔、液化石油气和氧气三种。

　　乙炔是一种碳氢化合物，常温常压下是一种无色气体，但有一种特殊的臭味。乙炔是一种可燃气体，在与空气混合并燃烧时，所产生的火焰温度高达2 350℃，在与氧气混合并燃烧时，温度可达3 300℃，高温足以迅速熔化金属。

　　液化石油气是石油炼制工业的副产品，其主要成分是丙烷，也是一种可燃气体，在与氧气混合燃烧时也能形成高温熔化金属。

　　氧气是一种无色无味也无毒的气体，氧气本身不能燃烧，是一种活泼的助燃气体，与可燃物质混合燃烧可以得到高温火焰。

　　（2）气焊与气割作业使用的设备。气焊和气割作业设备主要有氧气瓶、乙炔瓶、回火防止器和减压器、焊炬和割炬。氧气瓶是一种储存和运输氧气的高压金属容器，氧气瓶内气压一般为 15 MPa，搬运时应轻拿轻放。乙炔瓶是一种储存乙炔的容器，瓶内压力也较高，易燃易爆，应当隔离堆放。回火防止器是在气焊或气割作业过程中一旦发生回火时，能自动切断气源，有效地堵截回火逆气流方向回烧，防止乙炔瓶爆炸的安全装置。减压器是把储存在气瓶内的高压气体减到所需要的工作压力，并保持稳定供气的装置，减压器又分氧气减压器、乙炔减压器，分别用于氧气瓶和乙炔瓶上，两者不能混接混用。

2. 气焊与气割作业中的安全隐患

气焊与气割所用的乙炔、液化石油气是易燃易爆气体。氧气瓶、乙炔瓶、液化石油气瓶都属于压力容器。在气焊或气割作业时，如焊接设备及安全装置有缺陷，或操作者违反安全操作规程，作业产生的明火及形成的高温极易引起燃烧或爆炸，造成重大安全事故。

（1）易引起灼伤甚至火灾事故。在气焊与气割火焰的作用下，尤其是气割时氧气射流的喷射，使火星、熔滴和熔渣四处飞溅，容易造成人员灼烫；较大的火星、熔滴和熔渣能飞到距操作点 5 m 以外的地方，易引燃周围易燃易爆物品，造成火灾或爆炸事故。作业人员在高处焊接作业时，还存在从高处坠落的危险，落下的火星也容易引燃地面可燃物品。

（2）易发生金属中毒事故。气焊的高温火焰还会使被焊金属蒸发成金属烟尘。在焊接铅、铝、铜等有色金属及其他合金时，除产生这些有毒金属蒸气外，焊粉还散发出氯盐和氟盐的燃烧产物。在黄铜的焊接过程中，会产生大量锌蒸气。在焊补操作中，尤其是在密闭容器、管道内进行补焊作业，还会遇到容器或管道内的其他生产毒物和有害气体的伤害。这些都可能造成焊工中毒。

3. 气焊与气割作业安全知识

为消除安全隐患，预防气焊与气割作业中的安全事故，焊接作业人员应掌握以下安全技术。

（1）在氧气瓶嘴上安装减压器之前，应用口吹除瓶嘴，以防尘渣堵塞瓶嘴。严禁使用未装减压器的气瓶。

（2）乙炔瓶和氧气瓶嘴部及开瓶扳手上均不得沾有油脂，以免油脂吸附灰尘，堵塞瓶嘴。

（3）乙炔瓶和氧气瓶均应距明火 10 m 以上距离放置；乙炔瓶与氧气瓶之间也应保持 7 m 以上的安全距离。

（4）乙炔瓶与焊炬之间应装有可靠的回火防止器。

（5）乙炔瓶与氧气瓶均应放置在空气流通的地方，但不得将它们放置于烈日下暴晒，也不得靠近火源及其他热源地方放置，以免受热膨胀，发生气瓶爆炸事故。

（6）使用焊（割）炬前，必须检查焊（割）炬喷射，查看是否通畅，能否正常使用。操作时，应先开启焊（割）炬的氧气阀，待氧气喷出后，再开启乙炔阀。同时，用手检验乙炔接口处，看是否有吸引手指的感觉，如有吸力，说明乙炔管道通畅，这时可以将乙炔胶管接于焊（割）炬接口上。

（7）如在通风不良的地点或在容器内作业时，应先在外面给焊（割）炬点火。

（8）点火时应先开少许乙炔气，待点燃后迅速调节氧气和乙炔气的气量，并按工作需要选取火焰。停火时应先关闭乙炔气，再关闭氧气，以防引起回火和产生烟灰。

（9）在易燃易爆生产区域内动火，应按规定办理动火审批手续。

（10）气焊和电焊在同一地点作业时，氧气瓶应垫上绝缘物，以防止气瓶带电。

二、手工电弧焊作业安全知识

1. 手工电弧焊

手工电弧焊是利用焊条与焊件之间的电弧热，使焊条金属与焊件母材熔化形成焊缝，将母材连接起来的一种焊接方法。焊接时，母材为一电极，焊条为另一电极，电弧是在焊条与母材之间的空隙内通过外加电压而引燃。

手工电弧焊使用的设备主要是手工电弧焊机。常用的手工电弧焊机有交流弧焊机、旋转式直流弧焊机和整流式直流弧焊机三种。

图4—5所示是手工电弧焊作业场境，操作者用面罩、焊接专用手套、焊接专用防火鞋等劳保用品保护自己。

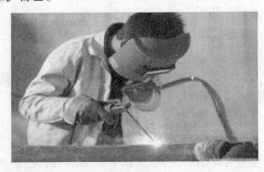

图4—5　手工电弧焊作业

2. 手工电弧焊作业时的安全隐患

由于手工电弧焊利用的能源是电，同时电弧在燃烧过程中产生高温和弧光，焊条上的药皮在高温下产生一些有害气体和尘埃，所有这些都是手工电弧焊操作过程中的不安全因素，都可以引起安全事故，造成职业危害。

（1）触电事故。手工电弧焊操作者接触电的机会较多。更换焊条时，焊工要直接接触电极；在容器、管道内或金属构件中焊接时，四周都是导体，焊机的空载电压又大于安全电压，如果电器装置或防护用品有缺陷，或者操作者违反操作规程，都有可能发生触电事故。

（2）弧光和电热伤害。焊接时，电弧产生强烈的可见光和大量不可见的紫外线、红外线，容易灼伤眼睛和皮肤；焊接时，产生的电弧也容易灼伤操作者的手或其他身体部位，如在焊机带负荷情况下操作焊机开关，也可能产生电弧并灼伤手或脸；焊接时，熔化后四处飞溅的金属、丢弃的焊条头、炽热的焊接工件，也容易烫伤身体。

（3）有害物质对身体的影响。焊接作业时，金属母材和焊条药皮在电弧高温作用下会蒸发、冷凝和汽化，并产生大量烟尘；同时，电弧周围的空气在弧光强烈辐射作用下，还会产生臭氧、氮氧化物等有毒气体。如在通风不良的条件下作业，这些有害物质会引起危害健康的多种疾病发生。特别是在化工设备、管道、锅炉、容器和船舱内焊接时，由于作业环境狭小，通风不良，焊接烟尘和有毒气体难以及时排出，在作业场所易形成较高浓度的有害气体层，这些烟尘及有毒气体会对人体造成较大危害。

（4）火灾与爆炸。焊接也容易造成火灾甚至爆炸事故。一是由于焊接热源引起周围易燃物质燃烧，引起火灾；二是由于二次回路通过易燃物质，由于自身发热或接触不良产生火花引起燃烧，造成火灾；三是由于燃料容器、管道焊补时防爆措施不当，引起容器或管道爆炸。

（5）其他安全隐患。在焊接完毕，清除焊缝熔渣时，由于碎渣飞溅，易刺伤或烫伤眼睛；如焊接工件放置不稳，易倒下造成砸伤；如登高焊接作业，又不加强安全防护，易发生高处坠落事故。

3. 手工电弧焊作业安全知识

从事手工电弧焊作业，应掌握以下安全知识。

（1）在下雨、下雪时，不得进行露天施焊，以免发生触电事故。

（2）在高处作业前，应检查作业地点下面是否有易燃易爆物品，以防掉落的火花引燃引爆物品；作业时应系好安全带，以免坠落。

（3）不要将焊接电缆放在电焊机上。

（4）横跨道路的焊接电缆必须装在铁管内，以防止电缆被压破漏电。

（5）施焊前，应先检查周围，查看是否有易燃易炸物品。

（6）严禁将焊接电缆与气焊用胶管混缠在一起。

（7）二次电缆不宜过长，一般应根据工作时的具体情况而定。焊接电缆截面积和允许焊接电流值应相互匹配，具体要求见表4—1。

表4—1　　　　　　焊接电缆截面积和允许焊接电流

最大焊接电流（A）	200	300	450	600
焊接电缆截面积（mm²）	25	50	70	95

（8）在施焊过程中，当电焊机发生故障需要检查修理时，必须先切断电源，再进行修理。禁止在通电情况下用手触动电焊机的任何部分，以免发生事故。

（9）在船舱内焊接作业时，应采取通风措施，应由两个人轮换操作。

（10）在容器内焊接作业时，应使用胶皮绝缘防护用具，附近应安设一个电源开关，由监护人员专门看管和监护。监护人员要听从焊接操作人员指示，根据指示随时通断电源。

（11）在焊接作业时，不可将工件拿在手中或用手扶着工件进行焊接。

（12）连续焊接超过1 h后，应检查焊机电缆温度。如温度达到80℃时，必须切断电源，让焊机及电缆冷却下来。

> **想一想**
> 在焊接作业时，为什么不能将工件拿在手中或用手扶着工件进行焊接作业？

第三讲　冶炼及热加工作业安全知识

金属冶炼、铸造、锻造和热处理四项作业，有着共同的工艺特点，即都需要对金属进行加热、加工和热处理，使其达到规定的技术要求。由于有着同样的工艺特点，因此它们也就存在着一些共同的安全问题，如作业环境温度较高，生产过程中散发着各种有害气体、粉尘和烟雾，生产噪声过大，体力劳动繁重，起重运输工作量大等问题。这些安全问题使作业环境恶化，劳动者极易发生中暑、烫伤、中毒等安全事故，劳动者的生命安全和身体健康受到极大的威胁。因此，应加强冶炼及热加工作业安全技术管理，采取切实有效的安全技术措施，以减少或防止各类安全事故的发生。

操作者佩戴安全帽、护目镜、工作服、隔热专用手套、专用劳保鞋，以保障操作安全。

一、冶炼作业安全知识

冶炼，是用焙烧、熔炼、电解以及使用化学药剂等方法，把矿石中的金属提取出来，减少金属中所含的杂质或增加金属中某种成分，炼成所需要的金属的过程。由于冶炼时的环境温度较高，有毒有害物质较多，如没有采取安全措施，极易引发安全事故。因此，劳动者在从事冶炼作业前应掌握冶炼作业安全知识，防止事故发生。如图4—6所示为金属冶炼作业。

图4—6 金属冶炼作业

1. 防止中暑

金属冶炼作业的环境温度一般都较高，当环境温度超过34℃时，劳动者易出现中暑现象。如果劳动强度过大，持续劳动时间过长，则中暑发生的可能性更大，严重时还可导致休克。

防止中暑的技术措施，主要是如何降低作业环境的温度。一是合理设计冶炼工艺流程，改进生产设备和操作方法，消除或减少高温、热辐射对人体的影响；二是采用水或导热系数小的材料进行隔热，以减少热量对人体的辐射；三是采用机械通风方式，保持作业场所空气畅通，及时散发作业中产生的热量。此外，保障作业人员的饮水，提供必要的防暑降温药品或专门饮料，也是防止中暑的有效措施。

2. 防止灼烫

在冶炼作业中，如未掌握安全技术，不按规定程序操作，将可能发生钢水或铁水喷溅和爆炸事故，使作业人员身体被灼烫。防止冶炼作业中的灼烫事故发生，主要从以下 6 个方面加强防范措施。

（1）冶炼作业人员必须掌握生产技术，熟悉操作规程，严格按工艺流程去操作。

（2）加强冶炼原料的管理和挑选工作，严防爆炸品、密封容器等物品混入原料并进入炉内。

（3）定期检查冷却系统，保持系统畅通，控制好冷却水压和水量，以防止水冷却系统强度不够造成钢板烧穿，导致钢液遇水爆炸。

（4）严格执行热风炉工作制度，防止由于换炉事故造成热风炉爆炸；严格执行从补炉、装炉、熔炼到出钢整个过程的操作规程，避免由于操作不当造成熔炼过程中的喷溅、爆炸事故。

（5）出钢时，要事先对铁钩、铁水罐、钢水包、地坑和钢锭模进行加热干燥，防止因潮湿引起爆炸事故。

（6）作业人员要穿戴专用鞋、专用手套、工作服和安全帽，以避免身体与高温工件或工具直接接触。

3. 预防中毒

在冶炼作业中会产生一些废气，这些废气含有较高浓度的一氧化碳，处理不好，容易发生废气中毒事故。有效的预防办法是加强生产现场的通风，及时排出废气；做好废气浓度的监测工作，及时报告废气中一氧化碳浓度，提示人们采取有效措施；做好个人防护工作，戴好呼吸防护用品。

 **相关链接**

冶炼作业中，温度较高，操作者极易发生中暑事件。如作业现场通风不好，隔热处理不当，环境温度将可能高达 40℃。在这样的环境中工作，如时间过长，劳动强度过大，劳动者极易发生中暑。企业应采取有效的安全技术措施，降低环境温度；劳动者也要注意防止中暑，补充水分，注意休息。

二、铸造作业安全知识

如图 4—7 所示，铸造是将金属熔炼成符合一定要求的液体，并浇进铸型里，经冷却凝固、清整处理后得到有预定形状、尺寸和性能的铸件的工艺过程。

图4—7　铸造作业——将熔化金属浇进铸型中

铸造作业主要包括两个环节：金属熔化作业环节；金属浇注环节。这两个环境都是在高温环境中工作，有毒有害物质也较多，因此掌握铸造安全知识，对于防止事故发生也十分重要。

1. 铸造作业中的安全隐患

铸造作业中的安全隐患，主要有以下 7 个方面。

（1）熔化金属中如混有异物或水，易引起爆炸和烫伤事故。

（2）铸造作业需要大量使用起重运输机械吊运钢水包或铁水罐，频繁的重载吊运很容易发生机械伤害事故。

（3）铸造作业机械化程度一般都不高，主要靠手工作业完成浇铸，作业中容易发生碰伤和烫伤事故。

（4）由于在熔化、浇注、落砂等作业过程中，会散发出大量的热量，使作业环境温度增高，容易发生中暑事故。

（5）在清砂作业时使用的振动落砂机、滚筒和风动工具，会产生较大噪声，易引起操作者职业性耳聋。

（6）在碾砂、回砂、打箱、落砂作业时，会产生大量粉尘，如果没有防尘措施，操作者容易吸入大量粉尘，患上矽肺病。

（7）在型芯烘干、熔炼、浇注过程中，有大量油质分解，会散发出丙烯醛蒸气和一氧化碳、二氧化碳等有毒气体，如果没有采取通风措施，这些有毒气体可能引起操作者呼吸道发炎、急性结膜炎。

2. 金属熔化作业安全知识

（1）修炉作业安全注意事项。金属熔化主要使用冲天炉，在金属熔化作业前要先进行修炉。

1）修炉前，要让炉温降至50℃以下，要让作业人员戴好安全帽，要有人在外面时刻监护，加料口要设防护网板和修炉标志。

2）修炉时要使用12 V安全照明灯，要注意不要掉落到炉底。作业时要注意预防炉衬塌落击伤头部，打炉渣时要防止飞出的碎块击伤眼睛和脸部。

3）注意预防煤气中毒及其他机械伤害，不许向炉内鼓风，炉上风眼应全部打开。

（2）点火加料作业安全注意事项。

1）点火前要先加底焦，底焦要小心轻放。

2）加好底焦后，要将冲天炉全部风口及出铁口、出渣口打开，然后才可以点火，这样可以防止一氧化碳中毒。

3）加料时，必须先检查加料机械各部件是否坚固灵活，检查运料路线两边是否有栅栏隔离，以防行人穿越或靠近装料机。

4）装料机运行时，应装设警告牌或打开红色警灯。

5）冲天炉加料口应比加料台高0.5 m，加料台要保持整齐清洁。

6）称料时，要仔细检查，防止爆炸物混入炉内。

（3）鼓风熔化作业安全注意事项。

1）鼓风熔化作业时，操作者应戴上防护眼镜，站在风嘴侧面进行监视。

2）如发现炉壳烧红，要停止加料，并停止送风，严禁向炉壳浇水冷却。

3）如发现炉壳烧红面积大于75 cm^2 时，可采取向炉壳吹风的方式对炉壳进行冷却。

（4）出铁出渣作业安全注意事项。

1）出铁出渣时，冲天炉周围不许有任何水分和潮气存在，特别是出铁坑和出渣槽，要保持十分干燥。

2）如出铁坑或出渣槽内有积水，必须先排净积水，再铺上适当厚度的干砂。

3）所有出铁出渣用工具都必须先烘干，必须抹上涂料。

（5）停风打炉作业安全注意事项。

1）停风打炉时，地面必须铺上干砂，以保持干燥，四周不得站人，操作者应站在上风侧。

2）打炉后，迅速将红热铁块及焦炭取出。

3）不准用水喷灭焦炭，以免引起煤气退回冲天炉而引发炉膛爆炸。

（6）使用电炉作业安全事项。

生产铸钢件广泛使用的熔炼设备是电炉，其安全操作技术包括：

1）出炉时，电熔化炉的倾斜度不得超过45°；扒渣时，电熔化炉的倾斜度不得超过 15°~20°。为此，电熔化炉应装设倾斜度限制器，倾炉蜗杆传动机构应能自锁。

2）电熔化炉加料口框架和电极座，应装有水冷却循环装置，冷却水的回水温度不得超过 45℃。电熔化炉高压部分，应设在专门的操纵室内。对电熔化炉的烟尘，可采取炉外排烟和炉内排烟措施，将烟尘排出。

3. 金属浇注作业安全知识

金属浇注的主要工具是浇包，浇包内盛有高温金属熔液，操作中有一定的危险性，要十分注意安全。

（1）浇包应装设安全装置。

1）浇注时，浇包内盛满铁水，要求浇包的转轴要有安全装置，以防浇包意外倾斜，铁水流出。

2）盛满铁水的浇包，其重心要比转轴低 100 mm 以上。

3）容量大于 500 kg 的浇包，必须装有转动装置并能自锁。浇包转动装置要设防护壳，以防飞溅金属进入而卡住。

（2）浇包应定期检查和试验。

1）吊车式浇包至少每半年检查并试验一次；手抬式浇包每两个月检查并试验一次。

2）检查前要清除污垢、锈斑、油污。

3）吊车式浇包须作外观检查与静力试验，重点部位是加固圈、吊包轴、拉杆、大架、吊环及倾转机构，特别重要的部位须用放大镜仔细检查。浇包的静力试验方法是将浇包吊至最小高度，试验负荷为该浇包最大工作负荷的 125%，持续 15 min。手抬式浇包试验负荷等于其最大工作负荷的 150%。经过检查、试验的浇包，如未发现其他缺陷及永久变形，即为合格。

4）如发现零件有裂纹、裂口、弯曲、焊缝与螺栓连接不良、铆钉连接不可靠等，均需拆换或修理。

（3）浇包内铁水量应适度。浇包使用前要先烘干，浇包内装盛的铁水液面高度应不超过浇包高度的 7/8。使用手抬式铁水包时，每人负载不应超过 30 kg。

（4）浇包吊运应安全操作。

1）起吊前应检查浇包压铁是否压牢，螺栓卡子是否卡紧；应检查浇包吊运通道是否有障碍，宽度是否达到 3 m 宽。

2）浇包吊运要走环形路线。

3）人工抬浇包时，行走步调要协调一致，抬运时应将浇口朝外。

（5）浇注作业时应严格安全操作规程。

1）浇注使用的火钳、铁棒、火钩和添加剂须先预热。

2）用吊车进行浇注时，司机和吊车指挥员要遵守吊车移动信号，动作要平衡，吊运铁水浇包起吊高度离地面应不大于 200 mm。

3）浇注作业时，浇包应尽量靠近浇口圈，防止铁水浇在压铁或地面上。

4）砂箱高度高于 0.7 m 时，应挖地坑。

5）浇注大砂型时，必须注意底部通气，喷出的一氧化碳要引火烧掉。

6）浇剩的金属液只准倒入锭模及砂型中。倒入前，锭模要预热到 150～200℃，砂坑要干燥。

三、锻造作业安全知识

1. 锻造作业中的安全隐患

锻造，即通过机械压力使加热的金属材料变形，将其制成各种形状的工具、零件或毛坯件。

如图 4—8 所示为锻造作业场境。加热后的金属棒料强度会大幅降低，通过气锤的多次锻打，金属棒料锻造成为铁镐产品的毛坯工件。

图 4—8　锻造作业

锻造作业需要使用加热设备，如火焰炉、电炉等。这些加热设备和灼热的工件会辐射大量的热能，使作业环境温度增高，容易造成作业人员中暑；火焰炉会产生大量的炉渣、烟尘和有毒气体，如作业场地通风净化工作没有做好，将会污染工作环境，恶化劳动条件，引起职业伤害事故。锻造作业需要使用各种压力机，这些压力机对工件施加巨大的冲击载荷，如操作不当，容易造成损坏设备和发生人身伤害的事故；同时，压力机在工作时会产生较大的振动和噪声，影响操作人员的神经系统，增加发生事故的可能性。锻造作业中使用的辅助设备工具，如手工锻和自由锻工具夹钳等，在作业时，如摆放不当或由于工具本身有问题，也容易造成工件飞脱、伤害人员的事故。

2. 锻造作业安全知识

锻造作业的安全注意事项，主要有以下6个方面。

（1）锻造作业人员必须经过专门培训，经考核合格并取得上岗证后，方能独立从事锻造作业。否则，这些锻造人员不得单独操作锻压设备和加热设备。

（2）锻造作业人员应掌握一定的锻压设备保养知识，应定期保养设备，使设备处于完好状态。

（3）锻压设备运转部分，如带轮、传动带、齿轮等部位，均应设置安全防护罩；水压机应装设安全阀、自动停车装置和启动装置；蓄压器、导管和水压缸应有独立的压力表；动力稳压器应装有安全阀。

（4）操作人员应熟悉操作规程并严格执行，以防煤气中毒、灼伤、烤伤和电炉触电等事故发生。

（5）操作人员在开始工作前应穿戴好个人防护用品，以减少辐射热以及灼热的金属料头和飞出的金属氧化皮对人体的伤害。

（6）在锻造作业中，操作人员应集中精力、相互配合；要注意选择安全操作位置，躲开作业危险方向（如切料时，身体要避开料头飞出方向）；握钳和站立姿势要正确，钳把不能正对或抵住腹部；司锤人员要按掌钳人员的指令准确司锤；锤击时，第一锤要轻打，等工具和锻件接触稳定后方可重击；锻件过冷或过薄、未放在锤中心、未放稳或有其他危险时均不得锤击，以免损坏设备、模具和振伤手臂，避免发生锻件飞出，造成伤人事故；严禁擅自落锤和打空锤；不准用手或脚去清除砧面上的氧化皮，不准用手去触摸锻件；烧红的坯料和锻好的锻件不准乱扔，以免烫伤别人。

四、热处理作业安全知识

1. 热处理作业中的安全隐患

为了使各种机械零件和加工工具获得良好的使用性能，或者为了使各种金属材料便于加工，常常需要改变它们的物理、化学和力学性能，如磁性、抗蚀性、抗高温氧化性、强度、硬度、塑性和韧性等。这就需要在机械加工中通过一定温度的加热、一定时间的保温和一定速度的冷却，来改变金属及合金的内部结构，以期改变金属及合金的物理、化学和机械性能，这种方法，称为热处理。

如图4—9所示为淬火热处理作业场境。将一定温度下的齿轮放入冷却液体中急速冷却，通过热处理后，可以获得符合技术要求的齿轮表面硬度，从而提高齿轮表面的耐磨性。

图4—9　热处理作业——齿轮表面淬火处理

热处理作业，需要使用加热炉将工件加热到一定的温度，操作人员在工作中需要与加热设备和金属工件接触，这就容易发生操作人员灼伤事故。因此，热处理中的安全技术主要是如何防止被灼伤。

2. 热处理作业安全知识

热处理作业需要注意的安全事项，主要有以下 8 个方面。

（1）操作前，首先要熟悉热处理工艺规程和所要使用的热处理设备特点。

（2）操作时，必须穿戴好必要的防护用品，如工作服、手套、防护眼镜等。

（3）在加热设备和冷却设备之间，不得放置任何妨碍操作的物品。

（4）混合渗碳剂、喷砂等应在单独的房间中进行，房间应设置足够的通风设备。

（5）设备危险区（如电炉的电源引线、汇流条、导电杆和传动机构等），应当用铁丝网、栅栏、挡板等加以隔离。

（6）热处理用的全部工具应当放置有序，不许使用残裂的、不合适的工具。

（7）车间的出入口和车间内的通路，应当通畅无阻。在重油炉的喷嘴及煤气炉的烧嘴附近，应当设置灭火砂箱；车间内应放置灭火器。

（8）经过热处理的工件，不要用手去摸，以免造成灼伤。

> **想一想**
>
> 　　从安全角度考虑，为什么在热处理设备和冷却设备之间不得放置任何障碍物品？

3. 热处理设备与工艺安全知识

（1）应经常对重油炉进行检查，油管和空气管不得漏油、漏气，炉底不应存有重油。如发现油炉工作不正常，必须立即停止燃烧。油炉燃烧时不要站在炉口，以免火焰灼伤身体。如果发生突然停止输送空气，应迅速关闭重油输送管。为了保证操作安全，在打开重油喷嘴时，应先放出蒸汽或压缩空气，然后再放出重油；关闭喷嘴时，则应先关闭重油的输送管，然后再关闭蒸汽或压缩空气的输送管。

（2）各种电阻炉在使用前，需检查其电源接头和电源线的绝缘是否良好，要经常注意检查启闭炉门自动断电装置是否良好，以及配电柜上的红绿灯工作是否正常。

无氧化加热炉所使用的液化气体，是以压缩液体状态储存于气瓶内的，气瓶的环境温度不许超过45℃。液化气是易燃气体，使用时必须保证管路的气密性，以防发生火灾和冻伤事故。由于无氧化加热的吸热气体中一氧化碳的含量较高，因此在使用时要特别注意保证室内良好通风，并经常检查管路的密封性。当炉温低于760℃或可燃气体与空气达到一定的混合比时，就有爆炸的可能，为此在通气启动与停炉时更应注意安全操作，最可靠的办法是在通气及停炉前用氮气、二氧化碳或惰性气体吹扫炉膛及炉前室一次。

（3）操作盐浴炉时，应注意在电极式盐浴炉电极上不得放置任何金属物品，以免变压器发生短路。工作前应检查通风机的运转和排气管道是否畅通，同时检查坩埚内溶盐液面的高低，液面一般不能超过坩埚容积的3/4。电极式盐浴炉在工作过程中会有很多氧化物沉积在炉膛底部，这些具有导电性能物质必须定期清除。

使用硝盐炉时，应注意硝盐超过一定温度会发生着火和爆炸事故。因此，硝盐的温度不应超过允许的最高工作温度。另外，应特别注意硝盐溶液中不得混入木炭、木屑、炭黑、油和其他有机物质，以免硝盐与炭结合形成爆炸性物质，而引起爆炸事故。

（4）进行液体氰化时，要特别注意防止氰化物中毒。

（5）进行高频电流感应加热操作时，应特别注意防止触电。操作间的地板应铺设胶皮垫，并注意防止冷却水洒漏在地板和其他地方。

（6）进行镁合金热处理时，应特别注意防止炉子"跑温"而引起镁合金燃烧。当发生镁合金着火时，应立即用熔炼合金的熔剂（50%氯化镁 + 25%氯化钾 + 25%氯化钠熔化混合后碾碎使用）撒盖在镁合金上加以扑灭，或者用专门用于扑灭镁火的药粉灭火器加以扑灭；在任何情况下，都绝对不能用水或其他普通灭火器来扑灭，否则将引起更为严重的火灾事故。

（7）进行油中淬火时，应注意采取一些冷却措施，使淬火油槽的温度控制在80℃以下；大型工件进行油中淬火更应特别注意。大型油槽应设置防事故回油池。为了保持油的清洁和防止火灾，油槽应装槽盖。

（8）矫正工件的工作场地位置应适当，防止工件折断崩出伤人；必要时，应在适当位置装设安全挡板。

（9）无通气孔的空心工件，不允许在盐浴中加热，以免发生爆炸。有盲孔的工件在盐浴中加热时，孔口不得朝下，以免气体膨胀将盐液溅出伤人。管状工件淬火时，管口不应朝向自己或他人。

第四讲　电气作业安全知识

电能是生产和生活中使用最为普遍的能源。在生产和生活中，电能又对人类构成了一定的安全威胁，如触电会造成人员伤亡，电气事故会毁损设备，甚至造成火灾。常见的电气事故有触电、雷击、静电危害、电磁场危害、电气火灾、电气爆炸等。其中，触电事故又是最常见、最普遍的电气作业安全事故。

电气作业安全知识是指人类为减少甚至消除电气事故，保证人身安全所采用的各种技术措施及应注意的安全事项的总称。

如图4—10所示为铁路输电线路检修。高空作业，不仅要防止触电事故发生，也要防止摔伤事故发生。

图4—10　电气作业——机车输电线路检修

一、电流对人体的伤害

1. 电流对人体伤害的 3 种类型

电流对人体的伤害是主要的电气作业安全事故。电流对人体的伤害主要有电击、电伤、电磁场伤害三种形式。电击是指电流通过人体，破坏人的心脏、肺及神经系统的正常功能；电伤是指电流的热效应、化学效应或机械效应对人体的伤害，如电弧烧伤、熔化金属溅出烫伤等；电磁场伤害是指在高频电磁场的作用下，使人出现头晕、乏力、记忆力减退、失眠、多梦等神经系统的病症。

2. 电流对人体伤害程度的相关因素

电流对人体的危害程度与下列因素有关：

（1）流经人体的电流强度，电流越大，危害就越大。

（2）电流通经人体的持续时间，时间越长，其危害也越大。

（3）电流通经人体的途径，一般来讲，当电流通过人体的心脏、肺部和中枢神经系统时，其危险性较大，其中尤以电流流经心脏的危险性最大。

（4）电流的频率，一般电气设备都采用 50 Hz 的交流电，这样的频率对人体来讲是最危险的频率。

（5）人体的健康状况，对患有心脏病、神经系统疾病和结核病的人，受电击伤害的程度都比较重。

3. 人体触电的主要形式

人体触电主要有 4 种形式：

（1）低压单相触电，即在地面或其他接地导体上，人体的某一部位触及一相带电体，从而造成的触电。大部分触电事故都是单相触电事故。

（2）低压两相触电，即人体两处同时触及两相带电体的触电事故。这种触电的危险性较大。

（3）跨步电压触电，即当带电体接地，有电流从带电体流入地下时，电流在接地点周围土壤中产生电压降，人在接地点周围，两脚之间出现电压，由此引起的触电事故称为跨步电压触电。高压故障接地处或有大电流流过的接地装置附近，都可能出现较高的跨步电压。在雷雨天，要距离高压电杆、铁塔、避雷针的接地导线 20 m 以外，以免发生跨步电压触电。

（4）高压电击，即对于 1 000 V 以上的高压电气设备，当人体过分接近它时，高压电能将空气击穿，使电流通过人体。

二、电气作业安全知识

要减少电气作业安全事故，就要掌握和使用安全技术，预防触电事故的发生。

这些安全技术主要包括采用安全电压、保证电气设备绝缘性能、采取屏护措施、保持安全距离、合理选用电气装置、装设漏电保护装置和保护接地、接零等安全技术。

1. 采用安全电压

安全电压是为防止触电事故而采用的由特定电源供电的电压系列。我国国家标准规定安全电压额定值的等级为 42 V、36 V、24 V、12 V、6 V。用电企业可根据不同的工况选取不同的安全电压。采用安全电压能限制人员触电时通过人体的电流大小，保持电流值在安全电流范围内，从而在一定程度上保障了人身安全。

2. 保证电气设备的绝缘性能

所谓绝缘，是用绝缘物将带电导体封闭起来，使之不能被人体触及，从而保证人身安全。常用绝缘材料有瓷、云母、橡胶、胶木、塑料、布、纸、矿物油等。生产中常用绝缘电阻的大小来衡量电气设备的绝缘性能。绝缘材料应有足够的绝缘电阻才能把电气设备的泄漏电流限制在安全范围内，才能防止漏电引起的触电安全事故。不同电压等级的电气设备，有不同的绝缘电阻要求，企业要定期测定绝缘电阻值的大小，查看是否在规定范围内。

此外，电气作业人员还应正确使用绝缘工具，在作业前应检查工具上的绝缘层是否有破损，应戴好绝缘手套，穿好绝缘鞋，人体应站在绝缘板上。在作业中应注意抓握绝缘工具的正确方式，如需移拿行灯，应手握行灯绝缘手柄。

3. 保证安全距离

所谓电气安全距离，是指人体、物体等接近带电体不会发生危险的距离。为了防止人体触及和接近带电体，为了避免车辆或其他工具碰撞或过分接近带电体，为了防止火灾、过电压放电和各种短路事故，在带电体与地面之间、带电体与带电体之间、带电体与人体之间、带电体与其他设施和设备之间，均应保持安全距离。安全距离的大小由电压的高低、设备的类型及安装方式等因素决定。

4. 合理选用电气装置

合理选用电气装置，是减少触电事故和火灾爆炸事故的重要措施。选择电气设备，主要根据周围环境需要来决定。如在干燥少尘的环境中，可采用开启式或封闭式电气设备；在潮湿和多尘的环境中则应采用封闭式电气设备；在有腐蚀性气体的环境中，也必须采用封闭式电气设备；在有易燃易爆危险的环境中，必须采用防爆式电气设备。

5. 装设漏电保护装置

漏电保护器是一种在设备及线路漏电时，保证人身和设备安全的装置。其作用主要是防止由于漏电引起的人身触电，防止由于漏电引起设备火灾，监视、切除电源一相接地故障。

6. 保护接地与接零

保护接地是把用电设备的金属外壳与接地体连接起来，使用电设备与大地紧密连通。在电源为三相三线制中性点不直接接地或单相制的电力系统中，应设保护接地线。

保护接零是把电气设备在正常情况下不带电的金属部分与电网的零线紧密地连接起来。在电源为三相四线制变压器中性点直接接地的电力系统中，应采用保护接零。

7. 养成良好的电气作业习惯

（1）不要随意乱动电气设备，如发现电气设备故障，应请电工维修，自己不要擅自修理。

（2）对自己常用的配电箱、配电板、刀开关、按钮开关、插座等用电设施，要保持完好，不得有破损。

（3）不得将重物压在导线上，以防轧断导线造成触电事故。

（4）如需移动电气设备，应先关上电源，待电气设备停止运行后再移动。

（5）打扫卫生、擦拭设备时，严禁用水冲洗或用湿布去擦拭电气设备，以防发生短路和触电事故。

 相关链接

电钻插头一般是三相，其中一相是接零插头相。如图4—11所示，在作业时，一定要用三相插头接三相插孔，将电钻插头一相接零，可以防止触电事故的发生。但有时，墙面只有二相插孔，作业人员为了省事，就用三相插头去接二相插孔。这样就失去了接零保护，容易造成人员触电事故。

> **想一想**
>
> 在我们的工作和生活中，还采用了哪些防止触电的安全措施？请举例并与同学交流。

图4—11　安全接零，防止触电

第五讲　建筑施工作业安全知识

如图4—12所示为建筑施工作业。建筑施工作业与其他作业有所不同，有其自身的作业特征：建筑施工作业多数在露天场所，受环境、气候影响较大；不同建筑项目，其图纸和施工方案不同，参与的施工作业人员也在不断地调整和变更；建筑施工作业涉及面广，需要高处作业、电气作业、起重作业、机械加工作业等多项作业的配合；建筑施工用设施往往是根据现场需要临时制作或搭建，这些临时设施不易保证质量。

这些与其他行业不同的作业特征，也形成了建筑施工作业中与众不同的安全问题，这些安全问题主要集中在三大方面：一是作业人员从高处坠落事故；二是作业人员被掉落物品打击事故；三是施工设施垮塌和施工工地坍塌事故。有效解决建筑施工中的安全问题，防止这些安全事故的发生，是建筑施工作业安全技术的重点。

一、建筑施工作业管理工作中的安全知识

建筑施工作业，应做好安全管理工作，做好安全事故预防措施，这样可以减少各种建筑安全事故的发生。

图 4—12　建筑作业——高空搭建灌注构架

1. 建筑施工人员应认真学习国家《建筑安装工程安全技术规程》的各项规定，熟悉并掌握自己所从事工种的安全技术操作规程。

2. 在施工作业之前，应编制施工组织设计图，明确建筑施工人员、安全管理人员、现场监理人员的数量、姓名、责任；应做好施工现场平面布置图，各种附属设施的搭建、建筑机械的安装、运输道路、上下水道、电力网、蒸汽管道和其他临时工程的位置，都需在施工现场平面布置图中给予合理安排，做到既安全文明，又合理利用平面和空间。

3. 施工现场周围要设栅栏，有悬崖、陡坡等危险地区应设栅栏或警戒标志，夜间要设置红灯，防止有人误入，发生危险。要张贴标志或悬挂标志牌。施工现场地面应平整，沟、坑应填平或设置盖板。

4. 现场施工作业人员应使用安全"三宝"（即安全帽、安全带、安全网）。任何人员进入施工现场必须戴上安全帽。

5. 施工现场的一切机械、电气设备，其安全防护装置要齐全可靠。

6. 塔吊设备必须有限位保险装置，不准"带病"运转，不准超负荷作业，不准在运转中维修保养。

7. 施工现场内一般不准架设高压线。如确需架设高压线，应使高压线与建筑物及工作地点保持足够的安全距离。工地内架设电线线路，必须符合有关规定，电气设备必须全部接零或接地。

8. 电动机械及电动工具都要安装漏电保护装置。

> **想一想**
>
> 　　列举一件建筑施工作业中发生的人员坠落安全事故，分析事故产生的原因，提出应采取的安全措施。如何防止施工作业中的坍塌事故、坠落事故以及物体打击事故？

9. 脚手架材料及脚手架的搭设，必须符合"安全规程"要求。

10. 各种缆风绳及其设置，必须符合"安全规程"要求。

11. 建筑施工的楼梯口、电梯口、预留洞口、通道口、上料口，必须有防护措施。

12. 严禁赤脚、穿高跟鞋或拖鞋进入施工现场，高空作业不准穿硬底和带钉易滑的鞋、靴。

13. 施工中必备的炸药、雷管、油漆、氧气等危险品，应按国家规定妥善保管。

14. 自然光线不足的工作地点或夜间施工，应设置足够的照明设施；在坑道、隧道或沉箱中施工，除应有常用的照明电灯外，还应有独立电源供电的照明设施。

15. 寒冷地区冬季施工，应在施工地区附近设置有取暖设施的休息室。施工现场和施工休息室的一切取暖、保暖措施，都应符合防火和安全卫生要求。

16. 施工现场一切材料的堆放应保证安全。砂石成方，砖木成垛。预制构件的堆放，大型屋面板一摞不超过6块，小型空心板一摞不超过8块。现场拆除的模板和废料应及时清理并堆放在指定地点。

17. 建筑施工如面临马路、住宅、厂区，在建筑物的毗邻一侧要随着建筑物的升高而加设安全立网，防止杂物落下，伤及他人。

18. 施工现场的道路要尽量减少交叉，而且要宽、直、平，以保证车辆和人员安全通行。

二、土石方作业安全知识

土石方作业，即用机械或人工方法，将泥土挖出并运到指定地点，使地面达到规定的深度和宽度要求。土石方作业中的安全问题主要是防止塌方，作业人员应遵守以下7个方面的安全规定。

1. 土石方施工作业之前应先对地面进行地质、水文和地下设备（如天然气管道、电缆等）的勘察，根据勘察情况制度或调整土石方施工作业方案。

2. 挖地基、井坑时，应视土壤的性质、湿度和深度，设计安全边坡或固壁支撑。对较为特殊的沟坑施工，必须按专门的设计方案进行土石方开挖。

3. 在建筑物旁开挖基槽或深坑，一般不许超过原建筑物的基础深。如必须超过，则应分段进行，每段不得长于2 m。挖出的泥土和坑边堆放的料具，必须堆积在坑边0.8 m以外，高度不得超过1.5 m。

4. 在挖掘作业中如发现不能辨认的挖掘物品，应立即报告上级有关部门，由上级部门指定专业人员进行处理。

5. 挖掘过程中，如发现边坡附近土体出现裂缝、掉土及塌方险情时，应迅速撤离现场，等查明原因并采取有效措施后，才能继续作业。

6. 手工挖掘土石方时，应自上而下进行，不可掏空底脚，以免塌方。在同一坡面上作业时，不得上下同时开挖，也不得上挖下运。为了避免塌方和保证安全，开挖深度和坡度要符合"安全规定"。

7. 机械挖掘土石方时，应先发出作业信号。在挖掘机推杆旋转范围内，不许进行其他作业。推土机推土时，禁止驶至坑、槽和山坡边缘，以防止推土机下滑，造成翻车事故。推土机推土的最大上坡坡度不得超过 25°，最大下坡坡度不得超过 35°。

三、高处作业安全知识

高处作业是指在坠落高度基准面 2 m 以上，人员有可能坠落的高处进行的作业。建筑施工中高处作业占有很大的比重，高空坠落事故也时有发生。高处作业人员应掌握高处作业安全技术，防止坠落事故发生。

1. 从事高处作业的人员必须定期进行体检。体检中如发现作业人员患有心脏病、高血压、贫血症、癫痫病和其他不适合高处作业的病症，不得再从事高处作业。

2. 高处作业人员要按规定穿戴防护用品，如穿软底鞋，戴安全帽。悬空高处作业时，必须系上安全带。

3. 高处作业点下方必须架设安全网。凡无外架防护的施工，必须在高度 4~6 m 处架设一层固定的安全网，每隔 4 层楼再架设一道固定的安全网，并同时设一道随墙体逐层上升的安全网。

4. 电梯口、楼梯口、预留洞口和上料口，均要设围栏、盖板或架网；正在施工的建筑物所有出入口，必须搭设板棚或网席棚。

5. 施工过程中，对尚未安装的阳台周边，无边架防护的屋面周边，框架工程楼层周边，脚手架外侧，跑道两侧和卸料台的外侧，都必须设置 1 m 高的双层围栏或搭设安全网。

6. 脚手架必须坚固、稳定，能承受允许的最大负载，在各种气候条件下不变形、不倾斜、不摇晃。对高于 10 m 以上的脚手架，应在操作层下面增设一层架板或安全网。

7. 在天棚和轻型屋面上操作或行走时，必须先在上面搭设跳板或在下方搭建安全网。

8. 在层高 3.6 m 以下的室内作业时，所用的铁凳、木凳及人字梯一定要拴牢固，并设置防滑装置。直梯底部要采取防滑措施，顶端应捆扎牢固或设专人扶梯。

9. 遇恶劣天气，如遇 6 级以上强风、大雨、大雪、大雾，遇到温度超过国家规定的户外作业温度时，应停止露天作业。

10. 高处作业时，严禁乱扔任何物料或废品，防止伤及下面作业人员。

四、拆除作业安全知识

对建筑物进行拆除，称拆除工程作业。由于这类建筑物多已危旧，作业地点也较杂乱，因此在作业中要采取安全防范措施。

1. 拆除作业之前，先对被拆除物结构强度进行全面详细调查，制定拆除施工方案。

2. 将建筑物上各种管线切断或迁移。

3. 在拆除物周围设安全围栏，防止无关人员进入拆除现场。

4. 有倒塌危险的建筑物要先采取临时加固措施，再进行拆除作业。

5. 严格遵守拆除方案规定的拆除程序施工，自上而下地进行拆除作业，禁止数层同时拆除，也禁止建筑物室内外同时拆除作业。

6. 拆除建筑物时，楼板上不准多人同时聚集，也不准集中堆放材料。

7. 采用推倒拆除法和爆破拆除法时，必须先经设计计算，并制定专项安全技术措施以后再进行推倒拆除或爆破拆除。

> 🔔 **提示**
>
> 　　建筑施工作业，大都在高处作业。在作业中应严禁乱扔物料，以防伤及下面作业人员，物料只能通过升降机或搭吊运到地面。

第六讲　矿山矿井作业安全知识

矿山作业与其他作业相比，具有其独特的作业特征。一是矿山作业大部分在地下作业，受井下环境限制较多，作业场所一般都较为狭窄、黑暗、潮湿，空气中含有多种有毒气体和粉尘，与地面相比，环境温度和供人正常呼吸所需要的氧气都相差较大；二是矿山作业受自然灾害的威胁较大，金属矿山存在如地压、有毒有害气体和粉尘的危害，煤矿存在冒顶、瓦斯、煤尘、水灾和火灾等危害；三是矿山作业工艺复杂，工种较多，要不断开辟新采区，不断移装设备，不断对采空区进行充填、密闭；四是采矿技术和设备都还比较落后，体力劳动强度较大；五是部分矿山企业不重视技术培训和安全教育，工人技术素质低，安全意识不强。

如图4—13所示为井下采煤作业，其安全隐患更多，矿工面临的安全风险更大，劳动者更需要掌握安全知识，增加防范意识，减少或防止事故发生，确保劳动者的人身安全。

图4—13　矿井作业——机械化井下采煤

一、通风、防尘与瓦斯防爆安全知识

1. 矿井通风安全知识

矿井内空气中一般都含有大量的有害气体，如一氧化碳、氮化物、硫化氢等，矿工在井下作业时易造成中毒、窒息等事故。煤矿企业还由于空气中含有大量瓦斯及煤尘，如果瓦斯和煤尘达到一定浓度，极易发生瓦斯燃烧爆炸或煤尘燃烧爆炸事故。

为避免人员中毒，防止煤矿瓦斯及煤尘爆炸，矿山企业应采取对矿井实施强制通风的安全技术。通过通风系统使一定量的新鲜空气沿着规定的路线在井下流动，将有害气体排出井外，以降低矿井有毒气体及可燃气体的浓度，使矿井空气达到安全生产要求。

矿井通风安全技术可分为自然通风安全技术或机械通风安全技术两类。自然通风安全技术是利用矿山入风和出风两个井筒中空气柱的重量不同，产生自然压力差，使空气在矿井内自然流动。这种方法风压较小，因此风流量少，且受季节变化影响较大，不易满足矿井通风的安全需要。但通风成本低、通风时间长，可以保持24h连续通风。机械通风是利用动力带动风机运转，向井内强制鼓风，使空气在井内流动，将有害空气排出矿井。采用机械通风是矿山企业普遍采用的通风方法，通风效果好，能有效预防安全事故的发生。

2. 矿山防尘安全知识

矿尘是采掘过程中进入矿内空气中的细散状矿物尘粒的总称。在矿山作业过程中，有大量的矿尘产生，如不采取有效措施，这些矿尘将严重污染作业地点的空气，危害工人健康。

矿山防尘安全技术，可以概括为通风、洒水、密闭、个人防护、管理、改革工艺、检查、教育等 8 项措施，这 8 项措施又可归纳为以下 5 个方面。

（1）采取湿式凿岩，坚持湿式作业，严禁干打眼；

（2）喷雾洒水，以降低爆破、装岩、运输等作业时产生的粉尘浓度；

（3）经常用水冲洗岩帮，消除积尘，防止二次扬尘；

（4）净化入风系统的风流，防止含有粉尘的风流被送入工作场地；

（5）做好个人防护，要求井下作业一定要戴好防尘口罩，保护呼吸系统。

在露天开矿作业时，受气候影响，矿尘更易扩散。因此，更要加强防尘措施。开矿作业时，可采取钻机捕尘、电铲注水、电铲潜孔、钻机司机室密闭、地面洒水等防尘的技术措施。

3. 矿井瓦斯防爆安全知识

矿井瓦斯是指各种有毒有害气体的总称，其主要成分是沼气（甲烷），约占瓦斯总量的 90%。沼气无色无味，不易被人体感知，只能靠专用仪器检测。瓦斯易燃易爆。当它和空气混合浓度达 5%～16% 时，遇到火源能引起燃烧或爆炸。当瓦斯浓度达到 57% 时，矿井中的氧气浓度将降到 9%，可使人窒息死亡。因此，利用瓦斯检测仪器随时监测矿井中瓦斯浓度，并根据浓度情况及时采取有效安全措施（如增加通风量、停止开采作业、及时疏散作业人员等），以防止由于瓦斯浓度过高引起工人中毒和窒息事故，防止瓦斯燃烧或爆炸事故。

二、预防冒顶安全知识

冒顶，是指地下开采中，上部矿岩层自然塌落的现象。这是由于开采后，原先平衡的矿山压力遭到破坏而造成的。

井下作业，要加强顶板管理，注意预防顶板事故发生。在矿山开采中，要控制矿山采掘工作面帮顶压力，防止发生冒顶。由于煤矿的顶板大多由页岩、砂质页岩、石灰岩和砂岩等组成，稳固性差，极易发生冒顶，生产过程中必须对顶板进行支护。冶金矿山的围岩大都由花岗岩、石英岩等坚固岩石组成，稳固性较好，一般情况下不需支护。

预防冒顶事故发生，一般可以采取以下 4 个方面的安全技术。

1. 工作面要有足够的支护密度

为保证工作面的支护密度，加强工作面的总支撑力，要按照有关规程规定，严格掌握空顶之间的距离、支撑物的质量以及生产过程的合理性。

2. 建立顶板分级管理制度

顶板鉴定分级后，在设计、回采方案、支护、爆破、检查等方面，都要按照顶板级别的不同，采取相应的管理措施。

3. 经常检查处理浮石

冒顶是由于浮石突然冒落所引起的。因此，做好浮石的检查和处理工作非常重要。矿山生产一般都规定，在进入作业面作业之前，要先进行敲帮问顶，及时、细致检查浮石情况，并采取相应的措施，防止冒顶事故发生。

4. 加强工作面的推进程度

顶板下沉量与工作面推进速度关系较大。工作面推进速度快，顶板下沉量就小，木支柱断梁折柱就少，反应在金属支柱上的压力就小；反之，情况则相反。因此，采取有效的技术组织措施，加快工作面的推进速度，是防止冒顶的一个有效措施。

三、爆破作业安全知识

爆破作业是矿山作业中的一项重要而危险的工作。由于爆破工作接触的是炸药、雷管、导火线等易燃易爆危险品，所以爆破安全具有特殊的重要性。一旦爆破人员不按操作规程实施，违反安全规定爆破，将可能造成重大安全事故。

1. 矿用炸药和起爆器材安全管理

矿用炸药主要是硝酸铵炸药，起爆器材主要有：起爆炸药、雷管、导爆索、导爆管、导火索。爆破材料是极易爆炸的物品，在运输、储存和使用过程中要严格按照有关规定妥善管理，严禁爆破材料接近火源，严防挤压、撞击、摩擦和丢失爆破材料。

2. 爆破作业安全技术

（1）爆破人员应先经过培训并取得"爆破操作证"，方能从事爆破作业工作。

（2）爆破前应做好以下准备：一是设置爆破警戒线和放炮标志；二是撤出危险区内的设备和人员；三是露天爆破作业前要选择晴好天气；四是制定安全方面的应急措施，一旦发生险情，应采取有效措施加以排除。

（3）检查炮孔位置，是否准确，有无堵孔、卡孔等现象，炮孔内是否有积水。

（4）确定爆破安全距离。包括地震安全距离、冲击波安全距离和飞石安全距离。应根据实际，合理选择计算公式，经计算后确定爆破安全距离，不可随意估算。

（5）排除炮烟，防止中毒。尤其是井下爆破，炮烟不易排出，对井下作业人员危害更大。应通过机械通风装置，及时排除炮烟。

（6）妥善处理爆破异常情况。放炮中的异常情况主要包括：残爆、爆燃、缓爆、早爆、瞎炮。为了预防事故发生，一方面在作业之前要认真检查炸药质量，确认无变质和失效后，采取正确的装药方法，使用合格的起爆工具，严格按照操作规程作业；另一方面，在爆破中出现上述异常情况，要有组织地进行处理，并采取相应的安全措施。

四、防水和防火安全知识

矿山井下作业，易发生火灾和水灾等安全事故。这些事故一旦发生，将造成重大生命财产损失。因此，加强矿山防水和防火安全工作十分重要。

1. 矿山防水安全知识

矿山井下水灾事故发生有其客观原因，也有其主观原因。客观原因主要是矿井所处的复杂地质水文条件，易造成矿井透水事故。主观原因主要是采矿方法不当，如采取崩落法开采，采空区上部地表会产生沉降和裂隙，形成塌陷区，导致降水和地表水进入矿井。

防止矿井水灾，企业应采取以下技术措施。

（1）摸清情况，详细掌握矿井有关水文地质资料及旧矿、采空区平面图，了解含水层和老塘积水情况。

（2）提前探水，先探水后掘井，在探明水情后，先采取措施进行安全放水。

（3）留安全防水煤柱。

（4）设置防水闸门，在巷道内为防止可能发生的透水事故，设置必要的防水闸门。

> **想一想**
> 举例分析我国近年来发生的煤矿事故原因，提出如何防止安全事故发生的措施。

2. 矿山防火安全知识

矿山火灾，一方面可能是由于矿山某些可燃物质在一定环境和条件下自燃引起；另一方面也可能是由于明火引起，如吸烟、放炮着火、短路、瓦斯爆炸等引发明火。

防止矿山火灾，主要是预防明火引起的火灾，通常采取的措施包括采用不燃性支架、设置防火门、建立消防仓库和设置消防器材、设置消防水池和火灾信号装置等。

五、矿山提升与运输作业安全知识

矿山提升运输是采矿作业的重要内容，操作不当也会造成安全事故。提升设备及运输车辆出现安全事故，将可能对井下设施设备及人员造成重大损失。如图 4—14 所示为井下煤车运输图。

图 4—14　井下运输作业

因此，井下提升运输作业安全知识，将着重掌握提升设施、运输设备的安全操作与维护知识。

1. 提升系统安全使用维护知识

提升系统一般由提升机、钢丝绳、提升容器、天轮、井架、罐道及辅助设备组成。为防止提升设备发生断绳、跑车、过卷或大型物体坠入井筒等事故，要求必须有设备保护装置，包括防止过卷装置、防止过速装置、过电流或无电压保护装置、速度限制器、防止闸瓦过度磨损的保护装置。

2. 运输设备安全使用维护知识

运输设备安全正常运行，是保证矿山正常生产的重要前提，正确使用各种运输设备，加强维护和管理，是确保运输生产安全的重要手段。目前，我国矿山井下运输的主要形式为轨道式，多数矿山主要采用各种类型的电机车运输。

为做好运输安全工作，在有爆炸危险的回风通道中，禁止使用架线式电机车；在高硫和有自然发火的矿井，蓄电池电机车的电气部分应采用防爆设备；为防止矿车跑车、掉道、跑偏等事故，应经常检查、维修机械设备，应教育操作人员不违章操作，不蹬乘矿车。

故事品鉴

煤矿瓦斯爆炸，造成 162 人死亡

2000 年 9 月 27 日，贵州省水城矿务局木冲沟煤矿发生一起特大瓦斯爆炸事故，造成 162 人死亡，37 人受伤，直接经济损失达 1 227 万元。事故调查组认为，造成这一重大事故的原因主要为：一是某一回风巷因停电停风造成瓦斯积聚，某一回风巷因积水导致回风不畅，这些因素致使运输巷内瓦斯浓度增高；二是现场人员违章拆卸矿灯引起火花，造成瓦斯爆炸，进而导致煤尘参与爆炸。

> **想一想**
> 如果自己是一名煤矿工人，从中应吸取哪些教训？

这场事故暴露了该矿在安全生产中存在的问题：采掘作业过于集中，采区生产布局不合理，造成通风系统不合理；违反《煤矿安全规程》，超通风能力组织生产，违章排放瓦斯，并且矿山救护队员作业时未戴呼吸器；该矿"一通三防"（通风、防瓦斯、防火、防水）管理混乱，安全生产规章制度不健全、不落实，职工由于缺乏安全培训，不具备起码的安全常识，在井下拆卸矿灯。

第七讲　机动车驾驶作业安全知识

机动车一般是指由动力装置驱动的车辆。它具有速度快、载重量大、机动性强等特点。机动车一般包括汽车、摩托车、拖拉机、工程车辆，也包括企业内物资材料运送的车辆，如电瓶车、铲车、叉车、装载车等特种车辆。在安全事故中，机动车造成的安全事故最多，造成的损失和人员伤亡也最大，其危害程度往往更大于其他安全事故。学习机动车驾驶安全技术，减少安全事故发生，既有利于保护驾驶人员生命安全，也有利于行人及财产安全。

想一想

企业内机动车辆还有哪些？它们都有哪些特殊用途？

一、企业内机动车驾驶安全知识

1. 企业内机动车辆类型

企业内机动车辆是指专用于企业内部物资运输、装卸或机动作业的车辆，这些车辆主要在企业生产经营场所或作业范围内运行。企业内机动车辆一般包括：电瓶车、叉车、装载车、挖掘机、推土机、自卸车、牵引车、挂车等。

电瓶车靠电驱动，不产生废气，不产生火花，噪声也小，在作业场地（尤其是有易燃易炸物堆放的场地）使用时，较为安全，不会引起火灾，一般作为物料短距离转运工具。

叉车主要用于物流场所、库房、机场、码头，用于装卸货物、堆放货物。它通过液压系统，升降车铲，以此举升货物或下放货物，完成货物装卸或堆放作业。叉车是一种用途广泛、使用率较高的装卸运输工具。

装载车、挖掘机、推土机、自卸车都是工程机械，主要用于建筑工程、公路桥梁工程、矿山隧道工程等土石方作业，用于挖土开沟，装载土石，运输装卸土石。

牵引车和挂车主要用于货物的运输，尤其是大型重型货物的运输。

2. 企业内机动车辆安全事故

常见的企业内机动车辆安全事故主要有以下4类。

（1）车辆毁损事故。如撞车事故、翻车事故、挤压事故、轧辗事故、擦剐事故等。这些事故发生后，将造成车辆损坏甚至报废。

（2）车辆运输货物或装卸货物掉落事故。如车装货物垮散、掉落，造成货物毁损，砸伤过往行人，甚至造成交通事故。

（3）作业人员伤害事故。如作业人员从工作台甩下受伤，作业人员被物件碰撞受伤等。

（4）机动车辆火灾或爆炸事故。如发动机燃油起火，电瓶电线短路起火燃烧，机动车油箱起火爆炸，机动车碰撞到可燃物引起爆炸或火灾等事故。

3. 企业内机动车辆驾驶安全知识

要减少安全事故，驾驶人员就必须掌握安全驾驶技术，严格执行安全操作规定。

企业内机动车驾驶安全技术一般包括以下 8 个方面。

（1）机动车辆驾驶人员要通过专业培训，掌握驾驶技术，并通过专业考试，取得相应上岗资格证书。无证驾驶，是机动车安全的重大隐患，任何非专业驾驶人员，即使会驾驶机动车辆，只要没有经过培训，没有取得驾驶证书，都不能从事企业内机动车驾驶作业。

（2）驾驶车辆时，一般在厂区道路上行驶时速不要超过 20 km/h，出入厂区大门时速不要超过 5 km/h。如通过路口，一定要减速并瞭望左右，在没有危险时才能安全通过，这样，才能避免碰撞到过往车辆及行人。机动车不要在铁路专用线上行驶，也不要推车行驶。

（3）车辆装载货物时，不要超高超宽，也不要超载。货物要堆码整齐有序，要有绳索固定，有篷布覆盖，以免货物垮散并从车上掉下，影响行人或其他车辆安全。载装货物的车辆，其随车人员应坐在安全位置上，不要站在车门踏板上，也不要坐在车厢侧板上或坐在驾驶室顶上，更不要用手吊住车辆把手或门边。车辆装载易燃易爆物品时，物品上要严禁人踩，司机及随行人员也不要抽烟，不要使用可能产生火花的物品。

（4）驾驶叉车时，无论叉车是空载还是重载，其车铲距地面高度都不要小于 300 mm，但也不要高于 500 mm。一方面，车铲高一些可以避免车铲与地面凸物发生碰撞，造成安全事故；另一方面车铲不要过高，可以降低铲车重心，增加车辆行驶稳定性，避免如翻车、掉落货物等事故。铲车作业时，要严禁任何人站在车铲下面，也要禁止任何人站在车铲的货物上面，避免车铲作业时造成人员伤亡。

（5）驾驶人员要定期检查机动车辆的安全性能，如车辆的制动性能、车辆的转向性能；要定期检查车辆的电气线路是否有短路现象、是否有松动现象；要定期检查液压系统是否有漏油现象，是否有高压油管老化、破损、接头松脱等安全问题。针对这些安全隐患，及时采取措施，修复到位。必要时，应报主管部门，送维修厂修理。

（6）机动车驾驶人员要遵守企业安全规定，要遵守操作程序。要做到不酒后驾驶，不疲劳驾驶，不争道、抢道、占道行驶；要做到不撞红灯，严格遵守道路交通法规。做到这些，可以消除更多安全隐患，减少机动车安全事故的发生，有效保障人身及财产安全。

（7）驾驶人员停止驾驶工作 6 个月至 1 年者，如需再从事驾驶工作，应到当地劳动保障部门或其指定单位复试、考核并验证，确认合格后，方能从事驾驶工作；停止驾驶工作时间超过 1 年以上者，则应重新培训考试，取得新的驾驶职业资格后，方能从事驾驶工作。驾驶人员如超过退休年龄，将不能再从事企业内机动车驾驶工作。

（8）驾驶人员要按期接受证照审核和复试，以确定驾驶人员的驾驶技能及身体状况是否胜任驾驶工作。要定期学习企业安全知识和安全规定，增强安全意识。

 相关链接

铲车是使用最为广泛的企业内机动车，它具有机动灵活，装载方便快捷等特点。如图4—15所示，当车铲上装有货物时（尤其是重载货物或危险物品时），应将车铲尽可能降低一些，这样铲车重心低，行驶会更平稳。铲车在行进过程中，一般应将车铲降至高于地面300 mm位置行驶，这样既平稳又安全。铲车在行进过程中，车铲上严禁站人。

图4—15　降低车铲高度，保障安全行驶

企业内机动车行驶应严格控制在规定速度范围内，以保障安全。这是因为企业内道路不如公路宽大，企业内行人与机动车并未分道行驶，企业内弯道或岔口较多，且随时可能有人或车辆出现。如速度过高，一旦发生危险情况，刹车将来不及，这就容易造成安全事故。企业内机动车辆进出大门时，限速在5 km/h，这样可以保障行驶安全。

二、汽车驾驶安全知识

汽车主要在公路上行驶，与企业内机动车驾驶相比，汽车行驶速度更快，安全风险更大，交通安全事故更多。要减少安全事故，对驾驶人员来讲，就必须掌握汽车驾驶安全技术，就必须遵守交通安全法规，谨慎驾驶，这样才能确保车辆、驾驶人员及货物的安全，减少或避免交通安全事故的发生。

1. 车辆安全知识

对于所驾驶的车辆，驾驶员要掌握其结构、性能、主要功能，要掌握影响安全驾驶的主要部件、主要因素。

一般来讲，汽车主要包括发动机、底盘、车身三大部分。发动机是汽车的心脏，是车辆的动力装置，直接产生汽车前进驱动力；底盘是汽车的承载部分，汽车各种零部件都装在它的上面，整个车体重量、载货重量也都由它承担；车身主要是用于装载货物或乘客，保障货物或乘客的安全。汽车也可以分为动力系统、转向系统、制动系统、传动系统、悬挂系统五大部分。其中，与汽车本体安全性直接相关的是制动系统和转向系统。

制动系统的功能是在车辆行驶中产生制动力，减慢车辆速度或紧急停车，避开道路障碍，避免碰撞或剐蹭。影响制动系统的安全性因素主要有：制动油是否足够，制动总泵、分泵、油路是否有渗漏，制动真空助力器是否有效，刹车片是否过度磨损，四轮制动力是否大小一致、分配均匀。这些因素都可能导致车辆制动力不够，制动距离过长，制动失效，制动时跑偏或侧滑。如发现车辆有这些问题，应停止行驶，立即修理或送汽修厂维修，直到完全合格为止。

转向系统的功能是在车辆行驶中根据路况，改变行驶方向，调整行驶路线，保障车辆安全行驶。影响转向系统的安全性因素主要有：液压助力转向系统漏油，转向横拉杆或直拉杆松脱、断裂，转向器卡死。这些因素都可能导致车辆转向失效，转向力过大。因此，要定期检查液压泵驱动带是否松脱，液压油是否有渗漏现象，拉杆接头是否连接牢固可靠。出现自己难以修复的故障，要及时送维修厂检修。

 **相关链接**

汽车转向系统是否正常，直接关系车辆行驶安全。汽车制动系统和转向系统是影响汽车安全运行的两个重要系统，驾驶人员要熟悉其结构，掌握其检查与维护方法，时刻保持系统安全可靠，这样才可能确保驾驶安全，避免事故发生。

2. 驾驶安全知识

为保证汽车行驶中的安全，驾驶人员应当掌握以下驾驶安全技术。

（1）添加燃油安全注意事项

1）加油时，发动机要熄火，驾驶员不要在加油场地抽烟，不要接打手机，避免火星引起火灾发生。

2）汽车应通过油箱、汽油泵、汽油过滤器向发动机供油，不要直接向发动机化油器添加燃油，避免汽油洒落在发动机机体上，引起燃烧。

3）长途行驶时，如需用容器盛油，容器不要放置在驾驶室内。

（2）维修车辆安全知识

1）车辆维修中，严禁用汽油擦洗车辆、清洗零部件、烘烤车辆。

2）不要用嘴吮吸或吹通油管及油路零件，以防止中毒和腐蚀皮肤。

3）不要用废弃汽油燃烧取暖。

4）严禁用高压线"吊火"。

5）严禁用短路方式检测电路导线通断情况。

6）调整发电机传动带松紧度时，应让发动机处于熄火状态，不要在发动机运转时调整传动带松紧度。

（3）油量检查安全知识

1）检查油箱的油量时，可以查看油量表，可以用标尺插入油箱来检查。

2）严禁用明火照明油箱去查看油量。

（4）车辆停放安全知识

1）车辆应远离火源停放，一般不要停放在坡路上。

2）停车后，应拉好手刹，让变速箱挂在挡位上。

3）如停放在坡路上，且时间长久，应在车轮前面或后面垫放石块，以防止车辆手刹松动失灵，出现车辆下滑事故。

（5）防火灭火安全知识

1）当发生汽油着火时，应用灭火器、砂土、麻袋及衣物等器材扑灭，不要浇水，以防止汽油浮到水面上并随水流淌而扩大火势。

2）当发生汽车电线着火时，应立即关闭电源，迅速拆去一根蓄电池导线。

（6）车辆行驶安全知识

1）驾驶人员应自觉遵守交通规程，做到不闯红灯、不压线行驶、不弯道超车、不抢占人行道及其他非机动车道。

2）严禁超速、超载行驶，严禁酒后驾车，严禁无照行驶。

3. 驾驶员应当树立的安全意识

除掌握安全驾驶技术，驾驶人员还应当树立良好的安全意识，养成良好的安全驾驶行为习惯。

（1）驾驶车辆时，要随身携带驾驶证件、行驶证件、养路费及保险费缴纳凭据。

想一想

列举一件交通安全事故，分析其发生的原因，这件交通事故对自己在交通安全方面有何启示。

（2）驾驶车辆中，应关好门窗、车厢，不驾驶安全性能不好、安全设施不全和违章装载的车辆，不驾驶与驾驶执照准驾车型不相符的车辆。驾驶中不吸烟、不吃食物、不与他人闲谈、不接打手机。

（3）不酒后驾驶、不疲劳驾驶、不带病驾驶车辆，不将车辆交给无关人员驾驶。

（4）严格遵守道路交通安全规则，严格遵守各种安全标志，自觉接受车辆管理部门及安全管理部门的监督和检查。

故事品鉴

云南省巧家县"1·1"特大道路交通事故

2004 年 1 月 1 日，昆明市东川区新村镇驾驶员李某驾驶一辆卧铺大客车，由昆明向巧家县行驶。在行至大巧县 53 km 处，道路系下坡右转弯，冰雪路面。驾驶员由于过度疲劳，车辆在转弯过程中向左跑偏连续撞翻道路左侧三个防护墩后翻下 72 m 的山坡，造成 5 人当场死亡，8 人受伤，车辆严重受损的特大道路交通事故。

分析造成交通事故的原因：一是由于驾驶人员交通意识淡薄，在下坡时超速行驶；二是由于司机连续驾驶车辆达 8h 以上，疲劳驾驶，在驾驶车辆过程中打瞌睡，致使车辆在下坡右转弯过冰雪路面时车辆向左跑偏，造成翻车事故。

> **想一想**
>
> 这场重大交通事故给了我们哪些警示？我们在以后的驾驶操作中如何加强安全操作，减少事故发生？

点评

安全驾驶，这不是一句口号。与其他安全操作不同，汽车驾驶安全事故造成的损伤往往更为重大。不仅给自己造成生命财产的损失，也会对他人生命及财产造成重大损失。

作为汽车驾驶人员，掌握安全驾驶知识，严格遵守交通规则，确保车辆安全状态，这不仅是保护自己，也是保护他人。

第八讲 锅炉操作安全知识

锅炉是生产和生活中广泛使用的一种设备，它主要通过燃烧燃料（如煤、天然气、煤油）为我们提供热能、热水、蒸汽。由于锅炉是在高温下工作，且承受着一定的压力，因此，如操作不当就存在爆炸的危险，就可能造成安全事故。对锅炉的操作，应按规定程序进行，应遵守安全操作规程，以减少或避免安全事故的发生。

一、锅炉运行的特点和安全危害

锅炉可分为蒸汽锅炉和热水锅炉两大类。蒸汽锅炉承受着一定的蒸汽压力，危险性更大；热水锅炉主要产生高温热水，热水易烫伤人体，也具有一定的危险性。锅炉按其结构不同，还可以分为立式锅炉、卧式锅炉、水管锅炉。

锅炉在运行时，不仅要承受一定的温度和压力，而且要遭受介质的侵蚀和飞灰的磨损。如果锅炉在设计制造及安装过程中存在缺陷，或因维护不当，年久失修，或因管理不善，违反操作规程，都有可能发生设备事故，出现安全问题；严重时，还会发生爆炸事故，给人民生命财产造成巨大损失。

二、锅炉设备安全知识

锅炉本身在设计制造过程中，就应考虑锅炉使用中可能发生的安全问题，就应采取各种设计制造技术措施，防止锅炉爆炸。

1. 锅炉设计要符合安全可靠要求。锅炉受压元件的强度应按现行的锅炉受压元件强度计算标准进行计算。炉筒或锅壳的壁厚应不小于 6 mm。

2. 锅炉结构各部分在运行时应能自由膨胀。锅炉的水循环应保证受热面得到可靠的冷却。

3. 水管锅炉锅筒的最低安全水位，应能保证对下降管可靠地供水。火管锅炉的最低安全水位，应高于最高火界 100 mm。

4. 锅炉上应开设必要的人孔、手孔、检查孔，便于安装维修和清扫。受压元件的人孔盖、手孔盖应采取内闭式，以免热水或蒸汽喷出伤人。盖的设计结构应能保证衬垫不会被吹出。

5. 用煤粉、油或气体作燃料的锅炉，应设有在风机电源跳闸时自动切断燃料供应的连锁装置，并应装设点火程序控制和灭火保护装置。在容易爆炸的部位应装设防爆门。防爆门的装置应不致危及人身安全。

6. 制造锅炉受压元件的金属材料，应是锅炉专用的优质碳素钢或低合金钢，以保证在使用条件下具有规定的力学性能和良好的抗疲劳、耐腐蚀性能。

三、锅炉附件安全知识

锅炉附件主要有安全阀、水位表、压力表等，这些附件主要起指示、保护、卸荷等安全作用，是锅炉运行中必不可少的安全设备，这些附件的安装、使用、校验、维护，也应符合安全技术要求。

1. 蒸发量每小时大于 0.5 t 的蒸汽锅炉至少应装设 2 个安全阀，以保证过压时的锅炉安全。

2. 安全阀须沿直地安装。杠杆式安全阀要有防止重锤自行移动的装置和限制杠杆越出的导架；弹簧式安全阀要有提升手把和防止随便拧动调整螺丝的装置；静重式安全阀要有防止重片飞脱的装置。

3. 为防止安全阀的阀芯和阀座粘住，应定期对安全阀作手动或自动排放试验。

4. 安全阀每年至少进行一次校验。安全阀经过校验后，应加锁或铅封，严禁用加重物、移动重锤或将阀芯卡死等手段提高安全阀起座压力或使安全阀失效。

5. 蒸汽锅炉必须装有与锅炉蒸汽空间直接相连接的压力表。在给水管的调节阀前，可分式省煤器出口、过热器出口和主汽阀之间，再热器出进口等处都应装压力表。

6. 压力表装用前应做校验，并在刻度盘上划上红线指出工作压力。装用后每半年至少校验一次。压力表校验后应封印。

7. 压力表有下列情况应停止使用。

有限止钉的压力表在无压力时，指针转动后不能回到限止钉处；没有限止钉的压力表在无压力时，指针离零位的数值超过压力表规定的允许误差。

表面玻璃破碎或表盘刻度模糊不清。

封印损坏或超过校验有效期限。

表内泄漏或指针跳动。

其他影响压力表准确的缺陷。

8. 蒸汽锅炉应装两个彼此独立的水位表。水位表应有指示最高与最低安全水位的标志，应有放水阀门和接到安全地点的放水管。蒸汽量大的蒸汽锅炉还应装设高低水位警报器。

9. 水位表和锅筒之间的汽水连接管应尽可能地短。汽连管应能自动向水位表疏水，水连接管应能自动向锅筒疏水，避免形成假水位。

10. 锅筒、每个下集箱的最低处，都应装排污阀或放水阀。排污管和放水管应尽量减少弯头，保证排污及放水畅通，并接到室外安全的地点。

四、锅炉运行管理安全知识

锅炉操作是一项特殊工种。在锅炉运行中，操作人员应严格遵守安全技术规程。

1. 锅炉房不应设置在人群聚集的地方或其附近，锅炉房应有至少两个出口，出口门应向外开，在锅炉运行期间不能锁住或闩住出口门。

2. 建立锅炉操作岗位责任制和各项安全管理规章制度，对锅炉操作人员必须进行专门培训，并取得相应的上岗资格证书。

3. 蒸汽锅炉在运行中出现下列情况应立即停炉：

（1）锅炉水位降到水位最低线。

（2）加大向锅炉给水，但水位仍继续下降。

（3）锅炉水位已升到最高限。

（4）给水机械失效，不能供水。

（5）水位表或安全阀失效。

（6）锅炉元件损坏，危及运行人员安全。

（7）燃烧设备损坏，炉墙倒塌或锅炉构架被烧红，严重威胁锅炉安全运行。

（8）其他异常运行情况，且超过安全运行允许范围。

4. 热水锅炉运行中出现下列情况应立即停炉：

（1）因循环不良造成炉水汽化。

（2）炉水温度急剧上升，失去控制。

（3）水泵失效，不能给水或保持水循环。

（4）压力表或安全阀失效。

（5）锅炉元件损坏，危及运行人员安全。

（6）补给水泵不断补水，锅炉压力仍然继续下降。

（7）燃烧设备损坏，炉墙倒塌或锅炉构架被烧红，严重威胁锅炉安全运行。

（8）其他异常运行情况，且超过安全运行允许范围。

相关链接

锅炉是压力容器，具有一定的危险性。司炉操作属于特殊工种，操作人员必须经过专门培训，经考试合格，并取得上岗资格证书后，方能从事该项工作。未经专门培训，没有掌握安全技术，就不能处理各种安全问题，安全事故就有可能发生，如图4—16所示。

想一想

锅炉附件，如安全阀、水位表等在锅炉安全运行中有哪些安全作用？

图4—16　接受锅炉操作专业培训，掌握安全作业要领

5. 锅炉每 2 年进行 1 次停炉检验，每 6 年进行 1 次水压试验。停炉检验的重点在于：

（1）上次检验有缺陷的部位。

（2）锅炉受压元件内外表面。

（3）管壁有无磨损和腐蚀，特别是处于烟气流速较高及吹灰器作用附近的管壁。

（4）铆缝是否严密，有无苛性脆化。

（5）胀口是否严密，管端受胀部分有无环形裂纹。

（6）锅炉的拉撑以及与被拉元件的结合处有无断裂、腐蚀和裂纹。

（7）受压元件有无弯曲、鼓包和过热。

（8）锅筒和砖衬接触处有无腐蚀。

（9）受压元件或锅炉构架有无因砖墙或隔火墙损坏而发生过热。

（10）进水管和排污管与锅筒的接口处有无腐蚀、裂纹；排污阀和排污管连接部分是否牢靠。

（11）安全附件是否灵敏可靠，水位计、安全阀、压力表等与锅炉本体连接的通道是否堵塞。

（12）自动控制、讯号系统及仪表是否灵敏可靠。

（13）锅炉内部的水垢、水渣是否过多。

6. 锅炉水压试验前，应进行内外部检验，必要时还应作强度核算。不得用水压试验的方法确定锅炉的工作压力。

故事品鉴

邢台市锅炉爆炸事故

2014 年 3 月 3 日上午 11 点 40 分，河北省邢台市一供热蒸汽锅炉爆炸。锅炉厂被夷为平地，周围多户居民住宅、厂房因爆炸损毁。官方通报称，事故造成 2 死、2 伤、1 人失踪。

后调查，这是一起锅炉设备严重损坏和人员伤亡严重的责任事故。事故原因：一是锅炉炉膛设计布置不完善，造成锅炉运行后，锅炉结渣，散热不好；二是锅炉附件未起到安全保护作用，再热器温度达不到设计值要求，过热器、再热器管壁严重超温，引起锅炉温度过高，高温下的炉筒难以承受高温高压的热蒸汽，导致炉膛爆炸。

点评

锅炉，是一种特殊压力设备。定期检查锅炉附件，对锅炉的安全运行，十分重要，可以有效防止安全事故的发生。

第九讲　压力容器操作安全知识

压力容器，即承受压力的密闭容器。压力容器按其压力大小可分为高压容器、中压容器和低压容器三个等级；按其作用原理可分为反应容器、换热容器、分离容器和储存容器；按其压力高低及危害程度还可分为一类压力容器、二类压力容器和三类压力容器。

压力容器在运行时具有一定的压力，一旦发生爆炸，内部介质（液化气）突然由原来的工作压力降至大气压力。在此瞬间，介质的体积相应膨胀数百倍乃至上千倍，并释放出大量的能量，造成人员伤亡和财产损失。一些介质如氢氟酸、二氧化硫等还有毒，一旦发生泄漏或爆炸，介质以气态迅速向四周扩散，造成多人中毒事故。一些介质是可燃物质，一旦泄漏，这些物质与空气混合，如遇火源即可导致燃烧或爆炸，造成特大伤亡事故。由此可见，保证压力容器运行中的安全，在安全生产工作中有着重要的意义。

一、压力容器设备安全知识

1. 压力容器设计压力不得低于最高工作压力

装有安全泄放装置的压力容器，其设计压力不得低于安全泄放装置的开启压力或爆破压力。压力容器的设计温度不得低于元件金属可能达到的最高温度。对于在 0℃ 以下工作的金属容器，则容器设计温度不得高于元件金属可能达到的最低金属温度。压力容器的壳体和封头的厚度，应按国家标准确定。

2. 压力容器采用的金属材料应有特殊要求

制造压力容器的金属材料，应是压力容器专用的碳素钢或低合金钢，以保证容器在使用条件下具有规定的力学性能和耐腐蚀性能。易燃或有毒介质的容器受压元件不得用沸腾钢制造。Q235－A 钢不得用于制造盛装液化石油气体的容器。

3. 压力容器受压元件的焊接应有特殊要求

（1）焊接作业人员必须由经过考试合格，并取得压力容器焊接操作证的焊工担任。

（2）容器焊缝外形尺寸应符合技术标准的规定和图样的要求，焊缝与母材应圆滑过渡。

（3）容器焊缝或热影响区表面不允许有裂纹、气孔、弧坑和肉眼可见的夹渣等缺陷，焊缝上的熔渣和两侧的飞溅物也必须清除干净。

（4）容器焊缝的局部咬边深度不得大于 0.5 mm，低温容器焊缝不得有咬边。对于任何咬边缺陷都应进行修磨或焊补磨光，并作表面探伤。经修磨部位的厚度不应小于设计要求的厚度。

4. 压力容器制成后必须进行耐压试验，必要时还要进行气密试验

压力容器的耐压试验一般用水作为介质，试验压力为容器设计压力的 1.25 倍。气密试验压力与容器的设计压力应相等。试验前应采取可靠的防护措施。在耐压试验过程中，任何人不得接近容器。待试验压力降到设计压力后，方可对容器进行各项检查。

二、压力容器附件安全知识

压力容器的附件主要有安全阀、压力表、液面计、温度计等，这些附件在安全保

障方面起着重要作用，附件的安装、使用、维护也必须遵守安全技术要求。

1. 压力容器应按规定装设安全阀、压力表、液面计、温度计及紧急切断阀等安全附件。在容器运行期间，应对安全附件加强维护与定期校验，经常保持附件齐全、灵敏、可靠。

2. 属于下列情况之一的压力容器，必须装设安全阀和压力指示仪表。

（1）在生产过程中可能因介质发生化学反应使其内压增高的容器。

（2）盛装液化气体的容器。

（3）压力来源处没有安全阀和压力表的容器。

（4）最高工作压力小于压力来源处压力的容器。

（5）由于工作介质黏性大、腐蚀性强、有剧毒等原因，安全阀不能可靠地工作时，应装设爆破片代替安全阀，或采用爆破片与安全阀共用的重叠式安全结构。

3. 安全阀的开启压力不得超过容器的设计压力。如采用系统最高工作压力作为安全阀的开启压力，应复核每个容器在最高工作压力下的强度。安全阀的排气能力必须大于容器的安全泄放量。

4. 定期检验安全阀，每年至少 1 次。定期更换爆破片，每年至少 1 次。对于超压未爆破的爆破片，应立即更换。

5. 压力表与容器之间应装设三通旋塞或针形阀，并有开启标记，以便校对与更换。盛装蒸汽的容器，在压力表与容器之间应有存水弯管。盛装高温、强腐蚀性介质的容器，在压力表与容器之间应有隔离缓冲装置。

6. 盛装易燃或剧毒、有毒介质的液化气体容器，应采用板式玻璃液面计或自动液面指示器，对于大型储槽还应装设安全可靠的液面指示器。液面计或液面指示器上，应有防止液面计泄漏的装置和保护罩。

三、压力容器操作运行安全知识

1. 使用压力容器的单位，应根据生产工艺要求和容器的技术性能要求，制定安全操作规程，并严格执行。操作规程至少应标明下列内容：

（1）容器的操作工艺指标及最高工作压力，最高或最低工作温度。

（2）容器的操作方法，开车停车的操作程序和注意事项。

（3）容器运行中应重点检查的项目和部位，以及运行中可能出现的异常现象和防止措施。

（4）容器停用时的封存和保养方法。

2. 压力容器发生下列异常现象之一时，操作人员应立即采取紧急措施，并按规定的报告程序，及时向本厂有关部门报告。

（1）压力容器工作压力、介质温度或壁温超过允许值，采取措施仍不能得到有效控制。

（2）压力容器的主要受压元件发生裂纹、鼓包、变形、泄漏等危及安全的缺陷。

（3）安全附件失效。

（4）接管、紧固件损坏，难以保证安全运行。

（5）发生火灾，直接威胁到压力容器的安全运行。

（6）容器充装过量。

（7）压力容器液位失去控制，采取措施仍不能得到有效控制。

（8）压力容器及管道发生严重振动，危及安全运行。

3. 压力容器应定期检查，检查内容应包括下列3项。

（1）外部检查。专业人员在压力容器运行中进行在线检查，每年至少1次。

（2）内外部检验。专业检验人员在压力容器停机时进行检验。对于安全状况等级在 1～3 级之间的压力容器，每隔 6 年至少检验 1 次；安全状况等级在 3～4 级之间的压力容器，每隔 3 年至少检验 1 次。

（3）耐压试验。压力容器停机试验时，新进行的超过最高工作压力的液压试验或气压试验，每 10 年至少 1 次。

4. 有下列情况之一的压力容器，内外部检验期限应予适当缩短。

（1）介质对压力容器材料的腐蚀情况不明，介质对材料的腐蚀速率每年大于 0.25 mm，以及设计者所确定的腐蚀数据严重不准确的。

（2）材料焊接性差，在制造时曾多次返修的。

（3）首次检验的。

（4）使用条件差，管理水平低的。

（5）使用期超过 15 年，经技术鉴定，确认不能按正常检验周期使用的。

（6）检验人员认为应该缩短的。

> **想一想**
>
> 日常生活中，我们都见过哪些压力容器？他们都采取了哪些安全保障措施？

第十讲　起重吊运作业安全知识

起重吊运作业在现代生产中应用得越来越广泛，在提高生产效率，降低生产成本方面起到了重要作用。但起重吊运作业与其他作业一样，也存在着一定的危险性，也会发生安全事故，如钢绳断裂、重物坠落、卷筒自锁装置失灵、与其他物件碰撞等事故。掌握起重吊运作业安全技术，可以减少安全事故的发生，保障生命财产的安全。

一、起重吊运作业中的不安全因素

影响起重吊运作业的不安全因素主要有以下 3 个方面。

1. 起重吊运操作复杂

起重机械一般外形都较为庞大，其结构也比较复杂，作业时要完成起升、运行、变幅、回转等多种动作。起重机械操作人员要准确操纵，不出一分差错，相对来说难度较大，不易有效控制各种风险。

2. 起重吊运物料复杂

起重吊运的物料多种多样，有散粒物料、成件物料，有液态物料、固态物料，有金属物料、非金属物料，有导磁性物料、非导磁性物料，有零下冰冻低温物料、温度高达上千摄氏度的物料，有易燃易爆物料、剧毒危险物料等。这些不同的物料都给吊运工作带来不同程度的安全隐患。

3. 起重吊运作业复杂

起重吊运作业应由起重机司机、指挥、绑挂人员、运输车辆司机等多人配合才能完成。如相互协调不好、指挥信息错误、司机操作不当，将可能引起安全事故。

二、起重吊运机械本体安全知识

起重机械的类型有：小型起重设备（如千斤顶、起重葫芦、绞车等）、起重机、升降机 3 类。各类起重机械中，对安全影响最大的机械部件主要是起重机械的吊钩、钢丝绳、滑轮、卷筒、减速器和制动装置。对起重机械的安全技术要求，也主要是对这些重要部件的安全要求。

1. 吊钩安全技术要求

吊钩是起重机械的重要部件，在使用过程中一旦断裂，就会造成重大设备损毁事故或人身伤亡事故。对吊钩的安全技术要求主要有：吊钩的制造工艺可以采取锻钢制造或用钢板铆接制造，但吊钩绝不能通过铸造制成；吊钩应由专门机构定期检验，凡达到报废标准的吊钩必须及时报废。

2. 钢丝绳安全技术要求

在吊装作业中，钢丝绳主要用于捆扎物料和用作索具、缆绳。钢丝绳的规格应根据不同的用途选择，使用中应每天检查 1 次绳端固定和钢丝绳断丝情况。当钢丝绳的直径磨损变小、表面腐蚀、结构破坏达到一定程度时，应降级使用或作报废处理。

3. 滑轮和滑轮组安全技术要求

滑轮及滑轮组主要用于改变力的方向，用作起重升降减速或增速装置，起到省力的作用。当滑轮的轮轴磨损、滑轮槽壁磨损和径向磨损达到一定程度时，应及时检修或更换。

4. 卷筒安全技术要求

钢丝绳通过卷筒卷绕，使重物上升或下降。卷筒上的钢丝绳受力后，箍紧筒壁产生压力，有将筒壁压瘪的趋势。要定期检查卷筒中部有无裂纹，出现裂纹时应及时报废。

5. 制动器安全技术要求

制动器主要起到夹持物件吊运的作用，此外还可以在意外情况下起到安全保险作用。因此，制动器既是工作装置，又是安全装置。起重机必须装设制动器。吊运炽热金属和易燃易爆危险品，以及发生事故后可能造成重大伤害或损失的物品，使用的起升机械应装设 2 套制动器。

三、起重机械管理安全知识

起重机械管理应遵循国家相关规定。我国现行起重机械管理安全规定主要有《起重机械安全规程》《起重机司机安全技术考核标准》《起重吊运指挥信号》《起重机械安全监察规定》这 4 项规定。

1. 起重机械安全规程

国家标准《起重机械安全规程》，是起重机械设计、制造、检验、报废和安全使用与管理的重要依据。规程规定：起重机械应配备相应的安全防护装置；起重机械上的电气设备必须保证传动性能和控制性能准确可靠，在紧急情况下能切断电源，能安全停车；电气设备上应设置主隔离开关、紧急断电开关，应设置短路保护、失压保护、零位保护、失磁保护、过电流保护、超速保护和接地保护等安全装置。规程对起重机械的制造安全也作了相应规定，要求起重机械生产企业应有一定的技术保障能力，以保证起重机械的产品质量。

2. 起重机械司机安全技术考核标准

为加强对起重机械作业人员的管理，《起重机械司机安全技术考核标准》对起重机司机的培训、考核和发证工作做了统一规定：司机培训由各地劳动和社会保障部门组织，培训时间应不小于 6 个月；培训期满，由劳动和社会保障部门组织考核，考核包括安全技术理论考试、实际操作考核；考核合格后，还需在实际操作的起重机上实习 1～3 个月，确认操作熟练后，由省劳动和社会保障部门发给工种操作证；操作证每 2 年进行 1 次复审。

3. 起重吊运指挥信号

国家标准《起重吊运指挥信号》对起重机司机与其他起重作业人员的联系作了规定，统一了各地区、各行业的指挥信号。标准规定起重吊运指挥人员必须经劳动和社会保障部门进行安全技术培训，取得合格证后方能进行指挥作业。

4. 起重机械安全监察规定

《起重机械安全监察规定》要求起重机械须经地、市劳动和社会保障相关部门检验合格；起重机械作业人员须持有劳动和社会保障部门核发的操作证；起重作业相关单位须建立安全管理规章制度，要经常检查起重机械的安全状况。

四、起重吊运作业安全知识

1. 起重机械的司机必须经过专门培训，经考核合格并取得操作证后，方能准予操作起重机械。

2. 司机接班时，应检查起重机制动器、吊钩、钢丝绳和安全自锁装置。发现功能不正常，应在操作前及时排除。

 相关链接

如图 4—17 所示，司机在起重机接班操作前，应先检查一遍吊钩、钢丝绳、制动器及锁止装置，看是否功能正常，是否安全可靠。

图4—17 检查安全装置，防止事故发生

3. 开车前必须鸣铃报警。操作中接近人时，也应给以断续铃声或报警。

4. 操作应按指挥信号进行。听到紧急停车信号，不论是何人发出，都应立即执行。

5. 确认起重机上或其周围无人时，才可以闭合主电源。如果电源断路装置上加锁或有标牌，应由有关人员摘除后才能闭合主电源。

6. 闭合主电源前，应使所有的控制器手柄置于零位。

7. 工作中突然断电时，应将所有的控制器手柄扳回零位；在重新工作前，应检查起重机动作是否都正常。

8. 在轨道上露天作业的起重机工作结束时，应将起重机锚定住。风力大于6级时，一般应停止工作，并将起重机锚定住。对于门座起重机，在沿海工作时，如风力大于7级，应停止工作，并将起重机锚定住。

9. 司机对起重机进行维修保养时，应切断主电源，并挂上标志牌或加锁；必须带电修理时，应戴绝缘手套、穿绝缘鞋，使用带绝缘手柄的工具，并有人现场监护。

10. 有下列情况之一时，司机不应进行起吊操作：

（1）超载或物体质量不清时不吊；

（2）信号不明确时不吊；

（3）捆绑、吊挂不牢或不平衡，可能引起物品滑动时不吊；

（4）被吊物上有人或浮置物时不吊；

> 🔔 **提示**
>
> 港口一般风力都比较大，对高处设备的破坏性也强。门座起重机一般都较高大，受风的影响较大，如起重机在作业完毕不锚定，风力有可能使起重机在轨道上来回滑动。风力较大时，甚至可能将起重机吹倒，造成不必要的财产损失。

（5）结构或零部件有影响安全工作的缺陷或损伤，如制动器或安全装置失灵、吊钩螺母防松装置损坏、钢丝绳损伤达到报废标准时不吊；

（6）遇有拉力不清的埋置物体时不吊；

（7）斜拉重物时不吊；

（8）工作场地昏暗，无法看清场地、被吊物和指挥信号时不吊；

（9）重物棱角处与捆绑钢丝之间未加衬垫时不吊；

（10）钢水或铁水包装得过满时不吊。

11. 起重机运行时，不得利用限位开关停车；对无反接制动机能的起重机，除特殊紧急情况外，不得打反车制动。

12. 不得在有载荷情况下调整起升、变幅机构的制动器。

13. 起重机工作时，不得进行检查和维修。

14. 吊运重物不得从人头顶通过，吊臂下严禁站人。

15. 在厂房内吊运货物时，应走指定通道。

16. 在没有障碍物的线路上运行时，吊物底面应离地面 2 m 以上；有障碍物需要穿越时，吊物底面应高出障碍物顶面 0.5 m 以上。

想一想

　　起重机吊钩为什么不能用铸造件？起重机作业完毕，为什么要锚定住？

17. 所吊重物接近或达到额定起重量时，吊运前应检查制动器，并用小高度（200～300 mm）、短行程试吊后，再平稳地吊运。

18. 吊运液态金属、有害液体、易燃易爆物品时，必须先进行小高度、短行程试吊。

19. 无下降极限位置限制器的起重机，吊钩在最低工作位置时，卷筒上的钢丝绳必须保证有设计规定的安全圈数。

20. 起重机工作时，臂架、吊具、辅具、钢丝绳、缆风绳及重物等与输电线的最小距离应见表4—2。

表4—2　　　　　　　　　　与输电线的最小距离

输电线路电压（kV）	<1	1～10	35	66～100	154～220
最小距离（m）	1.5	2	4	5	6

21. 重物起落速度要均匀，非特殊情况下不得紧急制动和急速下降。

22. 重物不得在空中悬停时间过长。

23. 流动式起重机，工作前应按说明书的要求平整停机场地，牢固可靠地打好支腿。

24. 吊运重物时不准落臂；必须落臂时，应先把重物放在地上。

25. 吊臂仰角很大时，不准将被吊的重物骤然落下，防止起重机向另一侧翻倒。

26. 吊重物回转时，动作要平稳，不得突然制动。

27. 回转时，重物重量若接近额定起重量，重物距地面的高度不应太高，一般在 0.5 m 左右。

28. 用两台或多台起重机吊运同一重物时，钢丝绳应保持垂直，各起重机的升降、运行应保持同步，各台起重机所承受的载荷均不得超过各自的额定起重能力。如达不到上述要求，每台起重机的起重量应降低至额定起重量的 80%，并进行合理的载荷分配。

29. 有主副两套起重机构的起重机，主副钩不应同时开动。

30. 起重机电气设备的金属外壳必须接地。

31. 禁止在起重机上存放易燃易爆物品，司机室应备灭火器。

32. 每 2 年至少对起重机进行 1 次安全技术检查。

33. 起重指挥人员发出的指挥信号必须明确，符合标准。动作信号必须在所有人员退到安全位置后发出。

 **故事品鉴**

青岛龙门吊倒塌事故

2013 年 7 月 11 日下午，青岛地铁 3 号线 08 标保儿站龙门吊倾倒，造成 4 辆停放车辆受损，4 人重伤，3 人轻伤。

分析事故原因：一是现场施工人员未按设计规定方案进行安装施工，致使安装结构缺乏稳定性；二是未采取有效的锚定措施，致使龙门吊在轨道上产生滑动，造成倒塌事故；三是现场作业人员未戴安全帽，在龙门吊倒塌中，部分人员头部受伤造成死亡。

 点评

龙门吊在安装时，应由专业安装公司或生产企业进行安装调试，确保其机架平衡、锚定稳固。龙门吊操作人员应有特殊工种上岗证，以保证操作的规范有序。这些都是保障龙门吊安全作业的有效措施。

第十一讲 防火防爆安全知识

防火防爆安全技术，是一门为了防止火灾和爆炸事故的综合性技术。火灾和爆炸是安全生产的大敌，一旦发生，极易造成人员重大伤亡和财产损失。因此，必须加强防火防爆安全工作，消除危险因素，防止火灾和爆炸事故的发生。

一、防火防爆基本知识

1. 可燃物燃点、自燃点与闪点

可燃物燃点，是指维持可燃物质连续燃烧所需的最低温度。当可燃物被加热到燃点后，可燃物即被点燃。这时所放出的燃烧热能使该物质挥发出足够的可燃蒸气来维持连续燃烧。物质的燃点越低，则越容易燃烧。

自燃点，是指可燃物受热发生自燃的最低温度。达到这一温度，可燃物与空气接触，不需要明火的作用就能自行燃烧。物质的自燃点越低，发生起火的危险性就越大。物质的自燃点除与物质本身的可燃性有关外，还与其所处的环境条件相关，如压力条件、温度条件、散热条件等。

闪点，是指可燃液体挥发出的蒸气与空气形成混合物，遇火源能发生闪燃的最低温度。闪燃通常发出蓝色火花，且一闪即灭。闪燃是火灾的先兆，闪点越低，危险性越大。

2. 燃烧

燃烧是可燃物质与空气或其他氧化剂发生化学反应而产生放热、发光的现象。燃烧必须同时具备 3 个基本条件。

（1）要有可燃物。凡是能与空气中的氧气或其他氧化剂发生剧烈反应的物质都称为可燃物，如木材、纸张、汽油等。

（2）要有助燃物。凡是能帮助和支持燃烧的物质，都称为助燃物，如氧气、氧化剂等。

（3）要有火源。凡是能引起可燃物质燃烧的热能源，都称为火源，如明火、电火花等。

防止以上 3 个条件同时存在，避免其相互作用，是防火技术的基本要求。

3. 爆炸

物质由一种状态迅速转变成为另一种状态，并在极短时间内以机械功的形式放出巨大的能量；或者是气体在极短的时间内发生剧烈膨胀，压力迅速下降到常压的现象，都称为爆炸。

爆炸包括物理爆炸和化学爆炸两种。物理爆炸通常指锅炉、压力容器或气瓶内的介质由于受热、碰撞等因素，使气体膨胀，压力急剧上升，超过了设备所能承受的机械强度而发生的爆炸。化学爆炸是指由于发生化学反应，产生大量气体和热量而形成的爆炸，这种爆炸能够直接造成火灾。

可燃气体、蒸气和粉尘与空气形成混合物，这种混合物在一定的浓度范围内能发生爆炸。这种能够发生爆炸的最低浓度，称为爆炸下限；能够发生爆炸的最高浓度，称为爆炸上限；爆炸下限和爆炸上限之间的范围称为爆炸极限。如乙炔与空气混合的爆炸极限为 2.2% ~81% 。混合物的爆炸极限与其温度、压力、含氧量以及火源能量相关，温度越高、压力越大、氧量越多，其爆炸极限也就越宽。

4. 易燃易爆物质

在防火防爆安全工作中，认清不同物质的易燃易爆特点，可以使我们采取更为有效的防范措施。常见的易燃易爆物质有以下几种。

（1）可燃气体。包括一级可燃气体，如氢气、甲烷、乙烯、乙炔、环氧乙烷、氯乙烯、硫化氢、水煤气和天然气，其爆炸浓度下限都低于 10% ；二级可燃气体，如氨气、一氧化碳、发生炉煤气，其爆炸浓度下限都高于 10% 。在实际生产、储存和使用中，将一级可燃气体归为甲类火灾危险品，二级可燃气体归为乙类火灾危险品。可燃气体与空气或氧气混合气的爆炸极限见表4—3。

表4—3　　　　　　　　　　可燃气体与空气或氧气混合气的爆炸极限

可燃气体	可燃气体在混合气中含量（容积,%）	
	空气中	氧气中
乙炔	2.2 ~81.0	2.8 ~93.0
氢	3.3 ~81.5	4.6 ~93.9
一氧化碳	11.4 ~77.5	15.5 ~93.9
甲烷	4.8 ~16.7	5.0 ~59.2
丙烷	2.1 ~9.5	—
乙烯	2.75 ~28.6	4.1 ~50.5
苯蒸气	0.7 ~6.0	2.1 ~28.4
煤油蒸气	1.4 ~5.5	—

（2）可燃粉尘。如在加工麻、烟、糖、谷物、硫、铝等物质的过程中，粉碎、研磨、过筛等操作时所产生的粉尘，就其理化性质来说，比原来物质的火灾危险性要大得多，在一定浓度下遇到热能源，将可能引起燃烧或爆炸。

（3）自燃性物质。这类物质不需要外界火源作用，当与空气混合或受外界温度、湿度影响，即可发热并积热不散，当达到自燃点时即引起燃烧。自燃性物质可分为一级自燃性物质和二级自燃性物质。一级自燃性物质易氧化分解，易自燃，而且燃烧猛烈，危险性大，如黄磷、三乙基铅、硝化纤维、铝铁熔剂等。二级自燃性物质在空气中氧化比较缓慢，自燃点低，在积热不散的条件下能够自燃，如油纸、油布等。在实际生产、储存和使用中，将一级自燃物质归为甲类火灾危险品，二级自燃物质归为乙类火灾危险品。

（4）遇水燃烧物质。这类物质能与水发生剧烈反应，并放出可燃气体和大量热量。热量又使可燃气体温度猛升并达到自燃点，从而引起气体燃烧或爆炸。这类物质按其与水发生反应程度及危害大小，可划分为一级遇水燃烧物质和二级遇水燃烧物质。一级遇水燃烧物质有锂、钠、钾、铷、锶、铯、钡等金属及其氢化物，这些物质与水反应速度快，放出热量大，极易引起自燃或爆炸；二级遇水燃烧物质有钙、氢化铝、硼氢化钾、锌粉等，这些物质与水反应慢，放出热量小，产生气体需有火源才会燃烧。在实际生产、储存和使用中，将遇水燃烧物质归为甲类火灾危险品。

（5）燃烧液体物质。按其闪点大小，可划分为易燃液体和可燃液体两类物质。易燃液体一般闪点低于45℃，如汽油、酒精、丙酮、苯、煤气、松节油、醋酸等；可燃液体一般闪点都高于45℃，如丁醇、柴油、乙二醇、苯胺。

（6）燃烧固体物质。燃烧固体按其熔点、燃点和闪点的高低不同，可划分为易燃固体和可燃固体两类物质。易燃固体中，一级易燃固体主要有磷及磷化物（如红磷、三硫化磷），硝基化合物（如二硝基甲苯、氨基化钠、二硝基萘），硝化棉、氨基化钠、重氮氨基苯、闪光粉等，这些易燃固体燃点低，易于燃烧爆炸；二级易燃固体主要有各种金属粉末（如镁粉、铝粉、锰粉），碱金属氨基化合物（如氨基化锂、氨基化钙），硝基化合物（如硝基芳烃、二硝基丙烷），硝化棉制品（如硝化纤维漆布、赛璐珞），萘及其衍生物等，这些物质燃烧速度较慢，燃烧产生的毒性较小。

5. 火灾与爆炸原因

（1）用火管理不当，让明火引燃可燃物质，造成火灾。

（2）易燃易爆物品管理不善，库房不符合防火标准，没有根据物质的性质分类储存。

（3）电气设备绝缘不良，安装不符合规程要求，发生短路，设备超负荷运行，接触电阻过大等。

（4）工艺布置不合理，易燃易爆场所未采取相应防火防爆措施，设备缺乏维护、检修或检修质量低劣。

（5）违反安全操作规程，使设备超温超压，或在易燃易爆场所违章动火、吸烟或违章使用汽油等易燃液体。

（6）通风不良，生产场所的可燃蒸气、气体或粉尘在空气中达到爆炸浓度并遇火源。

（7）避雷设备装置不当，缺乏检修或没有避雷装置，发生雷击引起失火。

（8）易燃易爆生产场所的设备、管线没有采取消除静电措施，发生放电火花。

（9）棉纱、油布、沾油铁屑等放置不当，在一定条件下自燃起火。

二、防火防爆安全知识

1. 开展防火教育，提高群众对防火意义的认识，建立健全群众性的义务消防组织和防火安全制度，开展经常性的防火安全检查，消除火灾危险隐患，并根据生产场所性质，配备适用和足够的消防器材。

2. 认真执行建筑设计防火规范，厂房和库房必须符合防火等级要求，厂房和库房之间应有安全距离，并设置消防用水和消防通道。

3. 合理布置生产工艺，根据产品原材料火灾危险性质，安排、选用符合安全要求的设备和工艺流程。性质不同又能相互作用的物品应分开存放。具有火灾、爆炸危险的厂房，要采用局部通风或全面通风，以降低易燃易爆气体、蒸气、粉尘的浓度。

4. 易燃易爆物质的生产，应在密闭设备中进行。对于特别危险的作业，可充装惰性气体或其他介质保护，以达到隔绝空气的目的。对于与空气接触会燃烧的物质应采取特殊措施存放，例如将金属钠存于煤油中，将磷存于水中，将二硫化碳用水封闭存放等。

5. 从技术上采取安全措施，消除火源。如为消除静电，可向汽油内加入抗静电剂，作业人员穿戴防静电服装鞋帽；油库设施（包括油罐、管道、卸油台、加油柱）应进行可靠的接地，且接地电阻不大于 30 Ω（乙炔管道接地电阻不大于 20 Ω）；往容器注入易燃液体时，注液管道要光滑、接地，管口要插到容器底部；为防止雷击，在易燃易爆生产场所和库房要安装避雷设施。此外，设备管理要符合防火防爆要求，厂房和库房应采用不发火地面。

6. 易燃易爆场所，应避免明火及焊割作业。如必须动火，应按照动火的有关规定执行，必要时还需请消防队进行现场监护。

7. 对于混合接触能发生反应自燃的物质，严禁混存混运；对于吸水易燃或发热的物质应保持使用储存环境干燥；对于在空气中剧烈氧化自燃的物质，应密闭储存或浸在相适应的中性液体中。

严格动火规定，防止火灾爆炸

用明火熬炼沥青，不应在易燃易爆物品周围进行，这会引起易燃易爆物品的燃烧爆炸，造成安全事故。即使要在周围动火，也必须办理动火手续，保持与易燃易爆物一定距离，并派专人时刻看守火源，发现情况及时采取措施，切不可麻痹大意，如图4—18 所示。

图4—18　熬炼沥青，不应在易燃易爆物品附近生火

三、灭火安全知识

1. 隔离法灭火

将着火点或着火物与其周围的可燃物隔离，燃烧会因缺少可燃物而停止。

> **想一想**
>
> 举例分析火灾事故产生的原因，总结防止火灾的安全技术。

2. 窒息法灭火

阻止空气进入燃烧区，或者用不燃烧的物质隔绝或冲淡空气，使燃烧物得不到足够的氧气而熄灭。

3. 冷却法灭火

将水、泡沫、二氧化碳等灭火剂喷射到燃烧区内，以吸收或带走热量，降低燃烧物的温度和对周围其他可燃物的热辐射强度，达到停止燃烧的目的。

4. 化学法灭火

用含氟、氯、溴的化学灭火剂喷向火焰，让灭火剂参与燃烧反应，从而抑制燃烧过程，使火迅速熄灭。

1. 安全技术如何分类？
2. 切削加工中有哪些安全技术？
3. 焊接作业中有哪些安全技术？
4. 电气作业中有哪些安全技术？
5. 建筑施工作业中有哪些安全技术？
6. 起重吊运作业中有哪些安全技术？
7. 冶炼及热处理作业中有哪些安全技术？
8. 企业内机动车驾驶有哪些安全技术？
9. 锅炉运行中应遵守哪些安全规则？
10. 如何防止冒顶？如何防止瓦斯爆炸？
11. 对压力容器的安全运行，应遵守哪些安全规定？
12. 引起火灾爆炸的主要原因有哪些？

第五章　职业卫生与职业病危害及防护

 职业危害告知

介质:　　　　　**警示标识:**

硫磺粉尘、硫铁矿

粉尘、硫铁矿渣粉尘。

防护措施:

进入作业区域必须

穿戴防尘系列防护用品。

职业卫生是指采取有效措施,消除或减轻作业环境中的各种职业因素对人体的危害,保护劳动者的身体健康,防止职业疾病的发生。

劳动者在生产劳动过程中,面临着多种职业危害,如各种粉尘造成的危害(如矽尘、煤尘、石棉尘、金属粉尘、有机性粉尘等,对人体呼吸系统造成的危害),各种有毒物质造成的危害(如铅、汞、苯、砷、酚、氮氧化物、有机磷农药等有毒物质对人体健康造成的危害),各种物理性因素造成的危害(如高温高湿或高低气压、噪声、振动、超声波、光电辐射对人体健康造成的危害),病原微生物和致病寄生虫对劳动者造成的生物性危害(如炭疽杆菌、布氏杆菌、森林脑炎病毒等生物危害)。

此外,劳动者劳动时间过长,劳动者缺少休息时间,劳动强度过大,劳动者个别器官过度紧张或疲劳,劳动者长时间处于同一体位或某种不良体位劳动,劳动者使用的设备和工具不合理,不符合人机工程学要求,这些因素也影响着劳动者的身体健康。

因此,劳动者在进入工作岗位之前,掌握危害人体健康的这些职业卫生知识因素,采取有效措施进行防护,可以有效保障劳动者的身心健康,防止或减少职业疾病的发生。

第一讲 职业性粉尘危害与防护措施

职业性粉尘是指在生产作业过程中产生的，能较长时间漂浮在作业环境空气中的固体颗粒。这些粉尘对人体呼吸系统产生较大的危害，使劳动者容易患上尘肺病。粉尘也对生产活动产生较大的影响，对大气环境产生严重破坏。因此，需要加强对粉尘的防护措施，减少空气中的粉尘含量，减轻粉尘造成的各种危害。

一、粉尘的危害

粉尘的危害包括对人体健康的危害，对生产作业的危害以及对环境污染造成的危害。其中，粉尘对劳动者身体的危害又是最为严重的。

1. 粉尘对人体的危害

粉尘对人体的危害主要是容易引起尘肺病。所谓尘肺病，是指人体在生产劳动中长期吸入较高浓度的粉尘而发生肺组织纤维化的疾病。

尘肺病患者从接触粉尘到发病，时间有长有短。长的达 20 年，短的不到半年。这与粉尘的浓度、粉尘中二氧化硅的含量、劳动强度大小以及劳动者个人身体素质都相关。

患上尘肺病，容易引起各种并发症，如肺结核、呼吸系统疾病、肺原性心脏病等。这些并发症容易使尘肺病人的病情恶化，加速病人的死亡。尘肺病是一种发病率高、死亡率高的职业病，目前还没有理想的治疗方法。

2. 粉尘对生产的影响

粉尘对生产作业的危害主要反应在 3 个方面。

（1）空气中粉尘落到机器的转动部件上，会加速转动部位的磨损，降低机器的精密度和工作寿命。一些小型精密仪器甚至由于粉尘影响，失去了精密度，造成仪器不能正常工作。

（2）粉尘对油漆工作、胶片生产以及某些电子产品的生产影响也很大，轻者会造成产品质量不合格，返工重做；重者会造成产品降级处理甚至报废处理。

（3）粉尘如弥漫在作业场所，会降低可见度，影响作业者视野，易妨碍操作，影响劳动效率，严重时还会引起安全事故。

3. 粉尘对大气环境的污染

　　各类生产企业排入大气的粉尘数量巨大，这些粉尘严重污染了大气环境，影响了人类的身体健康，也影响了各种生物的生长。有效治理粉尘对大气的污染，减少企业生产过程中产生的粉尘向大气排放，是减少人类疾病，保持良好的生态环境的重要手段。

 **相关链接**

　　石墨是一种重要的工业原料，也是一种耐腐蚀性的良好导体。采掘石墨时，会产生大量的石墨粉尘，这些粉尘对劳动者呼吸系统产生较大危害（见图5—1）。人体吸入过量的石墨粉尘，会患上石墨尘肺病。企业除采取有效措施，减少空气中石墨粉尘的浓度，劳动者本人也必须采取有效的防护措施，如戴上专用防尘口罩，不要长时间在石墨粉尘中工作等，这样可以减少尘肺病的发生，切实保障劳动者的身体健康。

图5—1　从事石墨采掘要加强防护

二、粉尘危害的防护措施

防止粉尘危害的措施，可以概括为 8 个字，即宣、革、水、密、风、护、管、查。

1. 宣

宣，即宣传教育。向企业管理人员，企业劳动者进行宣传教育，普及防尘技术知识，不断提高他们对防尘工作重要性的认识，发动全体员工开展防尘工作，防止粉尘的危害。

2. 革

革，即开展技术革新。采用新工艺、新技术，改革不合理的工艺过程和操作方法，实现生产工艺机械化、自动化和密闭化，从根本上治理粉尘污染。

> **想一想**
> 防止粉尘危害，我们在日常工作或生活中都采取了哪些有效办法？

3. 水

水，即采用湿法防尘。在生产工艺允许的条件下，尽可能采用湿法作业，减少亲水性粉尘（过水后黏结性增加的粉尘）的产生，将生产过程中的干法粉碎、研磨、筛分、混料等工序改为湿法作业，以减少粉尘的产生。

4. 密

密，即密闭尘源。使粉尘与操作人员隔离。这是从生产尘源上消除粉尘危害的重要方法。

5. 风

风，即通风除尘。利用通风净化原理，通过吸尘罩、通风管道、除尘器、风机等部件和设备，将含尘气流净化到符合排放标准后，再排放到大气，以确保作业环境的卫生。

6. 护

护，即个体防护。个体防护是防止粉尘侵入人体的最后一道防线，是防尘综合措施中的重要辅助措施。劳动者通过正确佩戴和使用防尘口罩、面具等个体防护用具，以保护其呼吸器官不受粉尘侵害。

7. 管

管，即防尘设备的维护管理。加强防尘设备的维护管理，制定相应的管理规章制度，建立设备档案，做好运转记录，把防尘设备纳入生产设备管理，保持防尘设备与其他生产设备的同步运行。

8. 查

查，即加强监督检查。定期测定作业场所空气中的粉尘浓度，检查防尘措施和设备的效果，发现问题及时消除；定期对从事粉尘作业的职工进行身体健康检查，及时发现尘肺病患者，及时调离接尘岗位，及时治疗。

第二讲　职业性毒物危害及防护措施

职业性毒物是指生产劳动过程中劳动者接触的对人体有害的各种化学物质或有毒成分。这些有毒物质主要通过呼吸道、消化道和皮肤侵入人体，使人体患上各种职业疾病。

一、常见的职业性毒物及其危害

常见的职业性毒物包括以下几大类。

1. 金属类毒物

如铅、汞、锰、铍、镉、铬、锌、磷等金属都具有毒性。这类毒物可损害人的神经系统、消化系统、血液循环系统和生殖系统。

2. 有机溶剂类毒物

如苯类、氯化烃、醇、酯、醚、酮及汽油等毒物。这类毒物可损害人的呼吸系统、神经系统，甚至可以破坏人的造血机能。

3. 苯的氨基和硝基化合物

如苯胺、硝基苯、三硝基甲苯等毒物。这类毒物可损害人的血液系统、神经系统，并对人的视觉、肝、肾、心脏等器官造成损害。这类毒物主要通过皮肤被人体吸收，从而引起中毒。

4. 窒息性与刺激性气体

如一氧化碳、硫化氢、氰化物、氯、氮、氟化物、氮氧化物、酸蒸气等毒物。这类毒物可致人呼吸困难、肺水肿、痉挛、乏力，甚至窒息死亡。

5. 高分子化合物类毒物

如氯化烯、丙烯腈、氯丁二烯等毒物。这类毒物可损害人的皮肤黏膜，刺激上呼吸道黏膜，引起接触性皮炎、神经衰弱等病症。

6. 有机磷、有机氯等农药类毒物

这类毒物经呼吸道和消化道进入人体，可损害人的神经系统、呼吸系统，并对人的肝、肾等器官造成损害，严重时可导致死亡。

7. 沥青及其烟雾

如煤油沥青、石油沥青和矿产沥青等毒物。这类毒物可致人患光敏性皮炎、毛囊炎、皮肤色素沉着、中毒性皮肤黑变病、鼻炎、咽喉炎、支气管炎、癌症等。

二、毒物危害的防护措施

防止毒物危害，预防中毒事故的发生，可以采取以下几个方面措施。

1. 组织管理措施

加强对毒物管理的组织领导工作，制订防毒工作规划，有计划地改善劳动条件，把防毒工作纳入企业管理的议事日程。

2. 防毒技术措施

（1）改革生产工艺及生产设备，采用先进工艺设备，如采取密闭化、管道化、机械化生产工艺，使用现代先进机电控制设备，防止毒物的产生，使人与毒源相隔离；

（2）采用无毒或低毒的生产物料、生产辅料，以代替有毒的生产资料；

（3）采用通风净化的办法，以降低作业环境中的毒物浓度。

3. 个体防护措施

劳动者通过穿戴防护服、手套、口罩、面罩、头盔等防护用品，达到呼吸道防护和皮肤防护的目的。

4. 卫生保健措施

定期对接触毒物作业的职工进行健康检查，将有中毒病症劳动者及时调离工作岗位，使其脱离与毒物的接触，并及时予以治疗。

此外，还要定期对车间空气中有毒物质的浓度进行测定，以评价作业环境的卫生状况，根据测定情况制定出有效措施。

相关链接

如图 5—2 所示为石油开采作业场境。在石油天然气开采中，需要做压汞试验。在压汞试验中，如不按操作规程去做，金属汞可能会泄漏，并以蒸气形式经呼吸道进入人体，导致汞急性中毒。患者急性中毒后会有明显的口腔炎流涎、情绪激动、手指震颤、皮炎、发热、肾脏及肝脏损害等病症，需要及时送医院治疗。

图 5—2　加强管理，预防汞中毒

故事品鉴

化学气体中毒事故

2015 年 3 月 12 日，顺德市杏坛科技工业园的利尔德印染公司发生一起化学气体泄漏事故。

据调查，该公司是一家印染企业，有员工 200 余人。泄漏事故原因是：一辆装有冰醋酸的槽罐车在厂区内卸载过程中，因管道接驳操作不当造成冰醋酸泄漏，与厂内的化学原料发生化学反应产生有毒气体，导致事故发生。事故造成 6 名在场员工中毒，经及时抢救，未造成人员伤亡。

 点评

这场事故给我们以深刻教训：一方面，必须加强安全管理，尤其是安全操作管理，不当的操作将可能带来重大安全事故，引起恶性中毒事件，造成重大人员伤亡；另一方面，加强防毒个人措施宣传，对操作工人进行安全知识培训，提高工人的自我保护意识，可以有效减少事故对人体的伤害，切实保护劳动者人身安全。

第三讲　噪声振动与辐射危害及防护措施

在生产劳动中，机械化作业更为广泛，机械设备及动力装置等都会产生振动，发出噪声。振动和噪声在超过一定的量值后，就会对人体产生影响，造成身心伤害。因此，劳动者也应掌握这方面的知识。

同样，辐射在一些特种作业环境中也会出现，辐射在超过一定量时，也会对人体产生健康影响，劳动者也应采取有效措施，加以防范。

一、噪声的危害及防护措施

1. 噪声对人体的危害

噪声主要是由机械撞击、摩擦、转动、气体压力突变、液体流动、电机中电磁变力等相互运动或作用而产生的。劳动者如短时间处于一定噪声级的环境中，会引起听觉疲劳，产生暂时性听力减退；如长期接触较大的生产性噪声，会引起噪声性疾病。例如，长期接触 80 dB（A）以上的噪声，可能引起消化不良、食欲不振、头痛、恶心、呕吐、心跳加快、血压升高等症状。同时，噪声还会干扰人们的正常工作，可导致心情烦躁，注意力不易集中，容易疲劳，降低生产效率，增加工伤和设备事故。超过 160 dB（A）的特强级噪声，还会引起仪器失灵、建筑物玻璃震碎、墙壁震裂和烟囱倒塌等事故。

如图 5—3 所示为用冲击锤进行破路作业，巨大的冲击噪声不仅对作业人员的身心造成伤害，也对环境造成噪声污染，影响他人的健康。

图5—3　破路作业，机械冲击产生巨大的噪声

2. 噪声的预防措施

噪声的预防措施主要有控制和消除噪声源，控制噪声传播途径，做好个人防护3项措施。由于生产性噪声主要来源于生产设备和工具，因此，采用低噪声生产设备和工具是控制噪声的根本途径。采用阻尼材料或降噪结构，增设吸声、消声、隔声等装置，可以控制噪声传播途径。加强个体防护，采用护耳用品，是防止噪声危害的最后一道防线。

二、振动的危害及防护措施

1. 振动对人体的危害

振动是指物体在外力作用下，沿着直线或弧线经过某一中心位置的往复运动。人体长时间接触振动会造成神经系统、心血管系统、消化系统及听觉器官损害，引起植物神经功能紊乱、疲劳、失眠、心率和血压异常、胃下垂、呕吐、头晕等症状。

2. 振动的预防措施

对振动的预防措施，主要是通过改革工艺设备和工具，积极采用先进技术，代替有振动危害的旧工艺设备和工具。其次是加强设备和工具的维护保养，确保其处于完好的工作状态。

对产生振动的设备要建立防振基础，基础应与其他建筑基础隔离开。对振源要设减振阻尼器，以减弱振动的传递。根据振动的强度和频率大小，建立工间休息制度，让处于振动环境工作中的劳动者中间有一定的休息时间。

三、电离辐射的危害及防护措施

1. 电离辐射对人体的危害

电离辐射对人体的伤害主要有两种。一种是短时间内接受大剂量的电离辐射所造成的急性辐射伤害；另一种是长时期反复接受超容许剂量的射线或中子的体外照射，造成慢性辐射伤害。急性辐射伤害临床主要表现为乏力、呕吐、淋巴细胞和中性粒细胞减少、周身不适等症状，严重时可导致死亡。患过一次急性辐射病后，可能导致寿命缩短、遗传变异和肿瘤出现率高等后果。慢性辐射伤害临床主要表现为头痛、软弱无力、记忆力减退、失眠、食欲降低、脱发、贫血和白内障等症状。

2. 电离辐射的预防措施

（1）广泛采用防辐射材料作屏蔽，尽量使人脱离辐射环境，增大作业人员与辐射源之间的距离。

（2）加强对作业人员的管理和监督，采用轮换工作制度，正确使用个人防护用品，加强对作业者的专业技术训练，提高作业人员的熟练程度。

四、非电离辐射的危害及预防措施

非电离辐射包括紫外线、可见光、激光、红外线、射频等辐射和微波、高频电磁场等造成的危害。较大强度的非电离辐射对人体的主要危害是引起中枢神经和植物神经系统的机能障碍，临床主要表现为神经衰弱综合征，如头昏、乏力、睡眠障碍、记忆力减退、多汗、脱发、消瘦等。微波除了引起上述神经衰弱症状外，还可引起眼部损伤和暂时性不育等疾病。

非电离辐射的防护包括高频电磁场防护和微波防护。高频电磁场的防护措施，主要有对场源屏蔽、远距离操作和合理布局三个方面。微波的防护措施可从四个方面考虑：一是利用吸收装置吸收微波辐射，并在屏蔽室内敷设微波吸收材料，以免操作人员受到较多反射波的照射；二是根据微波发射具有方向性的特点，工作地点应置于辐射强度最小的部位，尽量避免在辐射流的正前方进行工作；三是暂时难以采取其他有效措施而作业时间较短的，操作人员应穿戴微波防护衣帽和防护眼镜；四是定期对操作人员进行健康检查，重点观察眼晶状体、心血管系统、外围血象及生殖功能的变化。

预防电离辐射，减少职业疾病

电离辐射过量照射人体，会导致人体发生各种疾病，如全身性放射性疾病，放射性皮炎，放射性白内障、白血病等。如图5—4所示，劳动者长期从事与电离辐射有关的工作，引起机能障碍。因此，在有辐射的环境中工作时，一定要加强预防措施，穿戴防辐射的保护用品。

图5—4 电离辐射过量会导致人体发生职业疾病

第四讲 职业病及防护知识

《中华人民共和国职业病防治法》明确了职业病的含义。法律规定，职业病是指企业、事业单位和个体经济组织的劳动者在职业活动中，因接触粉尘、放射性物质和其他有毒、有害物质而引起的疾病。国家卫生委和人社部2013年联合印发的《职业病分类和目录》规定了10种职业病类型，132种职业病例。这10种职业病类型包括：尘肺病、其他呼吸系统疾病、职业性皮肤病、职业性眼病、职业性耳鼻喉口腔疾病、职业性化学中毒、物理因素所致职业病、职业性放射性疾病、职业性传染性、其他职业病。

近年来，我国职业病的发病率正不断上升，劳动者身体健康正受到职业病的严重威胁，每年因职业病死亡或致残的人数达数十万人。造成我国目前职业病危害形势严峻的主要原因有以下几点：一是我国经济快速发展，但劳动条件和劳动保护装备却未跟上；二是由于我国劳动力资源丰富，企业为追求高额利润，不惜以牺牲劳动者健康为代价，减少劳动保护投入，削减职业卫生开支；三是我国职业卫生立法还不健全，实施还不到位，监督也不够得力，致使劳动者应当享受的职业卫生权益得不到有效保障。

因此，加强对职业病的防治，提高对职业病危害的认识，全面保护劳动者的身体健康，已迫在眉睫。

一、常见职业病

1. 尘肺病

尘肺病是指在生产活动中长期大量吸入较高浓度的某些粉尘，导致肺组织纤维化的疾病。尘肺病在我国是危害最大的职业病之一，患者早期的症状不明显，随着病变的发展，症状逐渐明显，有咳嗽、胸闷、胸痛和气短等现象，严重时，患者两肺可能出现进行性、弥漫性纤维组织增生。

《职业病分类和目录》中列示了 13 种尘肺病，具体包括：矽肺、煤工尘肺、石墨尘肺、碳黑尘肺、石棉肺、滑石尘肺、水泥尘肺、云母尘肺、陶工尘肺、铝尘肺、电焊工尘肺、铸工尘肺、根据《尘肺病诊断标准》和《尘肺病理诊断标准》可以诊断的其他尘肺病。

 相关链接

10 种尘肺病

（1）矽肺。矽肺是由于作业人员长期吸入较高浓度游离二氧化硅粉尘所引起，是尘肺中最为严重的一种。矽肺病人表现为咳痰、气急、胸痛、胸闷、呼吸困难等症状，肺部有广泛的结节性纤维化，严重时还会影响肺功能。矽肺易引起并发症，如肺结核，自发性气胸，肺气肿等。有矽肺职业病危害的行业有：煤炭、矿采、石油及天然气开采、建筑材料、玻璃、陶瓷、耐火材料、铸造、基建施工、石质雕刻。

（2）煤工尘肺。煤工尘肺是由于作业人员长期大量吸入较高浓度的煤尘或煤矽尘所引起。患者早期多数无症状，但随着尘肺病变的进展，逐渐会出现气短、胸痛、胸闷、咳嗽、咳黑痰等症状。患者肺部胸膜表面有分散而数量不等的针尖大小及至蚕豆大小的黑色斑点，肺部有煤斑、煤结节或大块纤维化病变。常见的并发症有支气管炎、肺气肿。有煤尘肺职业病危害的行业有：煤炭、电力、蒸汽、热水生产供应、炼焦煤气及煤制品业。

（3）石墨尘肺。石墨尘肺是由于作业人员长期大量吸入较高浓度石墨粉尘所引起。患者早期有咽喉发干、咳嗽等轻微症状，随着病变的发展症状会逐渐加重，出现胸闷、胸痛、气短等症状。患者两肺会出现细网织样阴影和小结节阴影。常见的并发症有支气管炎和肺气肿。有石墨尘肺职业病危害的行业有：石墨开采、碎矿、以石墨为原料的相关行业。

（4）炭黑尘肺。炭黑尘肺是由于作业人员长期大量吸入较高浓度的炭黑粉尘所引起。患者早期无明显症状，病变缓慢，肺部有网织阴影病变。常见并发症为慢性支气管炎和肺气肿。有炭黑尘肺职业病危害的行业有：基本化学原料制造业（如炭黑制备、造粒）、石墨及碳素制品业、稀有金属冶炼业、电气机械及器材制造业。

（5）石棉肺。石棉肺是由于作业人员长期大量吸入较高浓度的石棉纤维粉尘所引起的。石棉肺患者早期症状主要是咳嗽，活动时呼吸困难，随着病情发展，会有咳痰，肺活量进一步降低。患者肺部胸膜增厚、胸膜钙化和肺间质纤维性病变。常见并发症有慢性支气管炎、支气管扩张、肺气肿、胸膜间皮细胞瘤。有石棉肺职业病危害的行业有：有色金属矿采选业、建筑材料及其他金属矿采选业、石棉制品业。

（6）滑石尘肺。滑石尘肺是由于作业人员长期大量吸入较高浓度的滑石粉尘所引起。其症状表现为咳嗽、咳痰、胸痛、气短。患者肺部有弥漫的粗细网影，并有散在的小结节病变。常见并发症有慢性支气管炎、肺气肿。有滑石尘肺职业病危害的行业有：建筑材料及其他非金属矿采选业、造纸及纸制品业、皮革及其制品业、橡胶制品业、陶瓷制造业。

（7）水泥尘肺。水泥尘肺是由于作业人员长期大量吸入较高浓度的水泥粉尘所引起。患者症状主要表现为咳嗽、咳痰、气短、胸疼，以及鼻腔黏膜充血，鼻黏膜萎缩。患者两肺以细网影改变为主，肺纹理增多、增粗，有弥漫性粗细网影和细小的结节样阴影。常见并发症有慢性支气管炎、支气管哮喘。有水泥尘肺职业病危害的行业有：矿山采选业、水泥制造及其制品业。

（8）铝尘肺。铝尘肺是由于作业人员长期大量吸入较高浓度的铝粉尘所引起。患者早期无明显症状，随着病情发展，有咳嗽、胸痛、气短和肺功能损害等病症。患者两面肺叶中下有较细的不规则形状的小阴影，呈现网状或蜂窝状。并发症有支气管炎、肺气肿。有铝尘肺职业病危害的行业有：有色金属矿采选业、轻有色金属冶炼业、炸药及火工产品制造业。

（9）电焊工尘肺。电焊工尘肺是由于作业人员长期大量吸入较高浓度的焊尘所引起。患者症状表现多数较轻，有鼻干、咽干、轻度咳嗽、头痛、头晕、全身乏力、胸闷、气短等症状。常见并发症有肺结核、锰中毒、氟中毒、金属烟雾热、上呼吸道炎症、电光性眼炎。电焊工尘肺职业病危害的行业有机械、船舶等行业中的手工电弧焊、气体保护焊、氩弧焊、气焊。

（10）铸工尘肺。铸工尘肺是由于作业人员长期大量吸入较高浓度的生产性粉尘所引起。患者症状有咳嗽、咳痰、胸痛、气短以及肺门淋巴结肿大。常见并发症有肺结核、慢性支气管炎、肺功能障碍、自发性气胸。有铸工尘肺职业病危害的行业主要是机械行业的铸造作业。

2. 职业性放射性疾病

放射线通常又称为电离辐射，是指作用于物体能使物质的原子产生电离的辐射线。放射线无处不在，地球上的一切生物体都不能避免电离辐射，万物的进化也正是在有电离辐射的环境中进行的。

职业性放射性疾病是指劳动者在职业活动中，因长期接触放射性物质而引起的疾病。我国《职业病分类和目录》规定了 11 种职业性放射性疾病，它们分别是：外照射急性放射病、外照射亚急性放射病、外照射慢性放射病、内照射放射病、放射性皮肤疾病、放射性肿瘤、放射性骨损伤、放射性甲状腺疾病、放射性性腺疾病、放射复合伤、其他放射性损伤。

有放射性职业病危害的行业主要有：石油和天然气开采业，有色金属矿采选业，造纸及纸制品业，射线探伤业，辐照加工业，核工业，放射性核素及其制剂的生产加工和使用业，射线发生器的生产使用部门。

3. 职业性化学中毒

职业性化学中毒是劳动者在职业活动中因接触毒物而发生的中毒。在生产过程中，如缺乏防护措施，各种有毒物质有可能通过人体呼吸道、皮肤或消化道进入体内，使人体的某一组织发生病变，从而造成职业中毒。

我国《职业病分类和目录》，在职业性化学中毒大类下分设了 60 种职业性化学中毒病例。

《职业病分类和目录》规定的 60 种职业性化学中毒

铅及其化合物中毒；汞及其化合物中毒；锰及其化合物中毒；镉及其化合物中毒；铍病；铊及其化合物中毒；钡及其化合物中毒；钒及其化合物中毒；磷及其化合物中毒；砷及其化合物中毒；铀中毒；砷化氢中毒；氯气中毒；二氧化硫中毒；光气中毒；氨气中毒；偏二甲基肼中毒；氮氧化合物中毒；一氧化碳中毒；二硫化碳中毒；硫化氢中毒；磷化氢、磷化铝、磷化锌中毒；氟和其他化合物中毒；氰和氰类化合物中毒；四乙基铅中毒；有机锡中毒；羰基镍中毒；苯中毒；甲苯中毒；二甲苯中毒；正乙烷中毒；汽油中毒；一甲胺中毒；有机氟聚合物单体及其热裂解物中毒；二氯乙烷中毒；四氯化碳中毒；氯乙烯中毒；三氯乙烯中毒；氯丙烯中毒；氯丁二烯中毒；苯的氨基及硝基化合物中毒；三硝基甲苯中毒；甲醇中毒；酚中毒；五氯酚中毒；甲醛中毒；硫酸二甲酯中毒；丙烯酰胺中毒；二甲基甲酰胺中毒；有机磷中毒；氨基甲酸酯类中毒；杀虫脒中毒；溴甲烷中毒；拟除虫菊酯类中毒；铟及其化合物中毒；溴丙烷中毒；碘甲烷中毒；氯乙酸中毒；环氧乙烷中毒；其他化学性中毒。

（1）铅及其化合物中毒

铅中毒早期症状有乏力，口内有金属味，腹痛，神经衰弱，少数患者的牙龈边缘有蓝黑色"铅线"。中度中毒时还会有腹绞痛、贫血、中毒性周围神经病等症状。重度中毒则会出现铅麻痹、铅脑病症状。有铅及其化合物中毒职业病危害的行业有：重有色金属冶炼业、铅矿开采业以及船舶制造业。

（2）汞及其化合物中毒

汞主要以蒸气形式经呼吸道进入人体，造成汞中毒。汞中毒患者会有明显的口腔炎、流涎、情绪激动、手指震颤、皮炎、发热、肾脏及肝脏损害。有汞及其化合物中毒职业病危害的行业有：汞矿开采业、石油与天然气开采业。

（3）锰及其化合物中毒

锰及其化合物主要以锰烟、锰尘形式经呼吸道吸入人体，引起锰中毒。轻度锰中毒患者表现为嗜睡，以后出现失眠、头痛、乏力、恶心、性欲减退、多汗、四肢麻木疼痛症状。重度中毒患者会有锥体束神经损害、四肢僵直、言语不清病症。有锰及其化合物中毒职业病的行业有：锰矿开采业、无机盐制造业中的高锰酸钾制取、炼钢及铁合金冶炼业。

（4）镉及其化合物中毒

镉及其化合物主要以烟雾、蒸气或粉尘形式，经呼吸道和消化道进入人体，引起中毒。镉及其化合物中毒的早期症状为：口内有金属味，略有眼、咽部刺激症状，数小时后有头晕、头痛、乏力、咳嗽，甚至畏寒、发热、关节酸痛等症状。严重时可发生化学性支气管肺炎或肺水肿。有镉及其化合物中毒职业病危害的行业有：金银熔炼、镉化合物制取、电镀工业的镀镉。

（5）铍及其化合物中毒

作业人员经呼吸道大量吸入可溶性铍及其化合物，可引起急性中毒。铍中毒时会发生化学性支气管炎，严重时会发生化学性肺炎，肝脏肿大，并可发生黄疸。长期吸入一定浓度的氧化铍或铍粉尘，可引起慢性铍中毒，出现乏力、胸闷、胸痛、头晕、头痛、咳嗽、肝肿大等病症。有铍及其化合物中毒职业病危害的行业有：重有色金属冶炼业中的金属铍及氧化铍冶炼、铍真空熔铸、氧化铍烧结、铍粉制取。

（6）铊及其化合物中毒

铊及其化合物主要通过呼吸道、皮肤、消化道进入人体。铊中毒表现为下肢酸、麻、疼痛感，渐渐不能站立，毛发脱落，高血压。严重者可因中枢神经系统损害而导致急性中毒性昏迷。有铊及其化合物中毒职业病危害的行业主要是重有色金属冶炼业中的铊冶炼。

（7）磷及其化合物中毒

黄磷属于高毒类，红磷及黑磷毒性很小。黄磷主要以蒸气或粉尘形式被人体吸入呼吸道。急性中毒者有头痛、头晕、乏力、呕吐、心动过缓等症状。中度中毒者除有上述症状外，还有腹痛、黄疸、肝肿大、心肌受损、血压偏低等表现。重度中毒可引起急性肝坏死。有磷及其化合物中毒职业病危害的行业有：化肥制造业、无机盐制造业、炸药及火工产品制造业。

（8）砷及其化合物中毒

砷及其化合物可经呼吸道及皮肤进入人体。砷中毒表现为接触性皮炎，有头痛头晕、胸闷乏力和呼吸困难的感觉；重者甚至休克、死亡。有砷及其化合物中毒职业病危害的行业有：有色金属矿采选业、建筑材料及其他非金属矿采选业、化学农药与有机化工原料制造业。

（9）氯气中毒

氯气为强烈刺激性气体。作业人员如发生急性吸入性氯气中毒，轻度中毒会引起鼻黏膜及咽喉轻度充血、眼红流泪、头痛、恶心等症状。中度中毒除上述症状，还会引起鼻、咽喉、气管及支气管炎症，并可引发小范围肺水肿。重度中毒可导致肺水肿、昏迷、心跳骤停。有氯气中毒职业病危害的行业有：自来水生产业、食品制造业、纺织业、造纸及纸制品业、化学农药及有机化工原料业。

（10）二氧化硫中毒

二氧化硫是中等毒性类有强烈辛辣刺激性气味的气体。二氧化硫中毒症状与氯气中毒症状相同。有二氧化硫中毒职业病危害的行业有：石油加工业中的稳定脱硫、无机酸与无机盐制造业、化肥与有机化工原料制造业。

（11）光气中毒

光气的毒性比氯气大 10 倍，属高毒类刺激性气体。光气中毒症状为咽部刺痒、畏光流泪、胸闷气短、头痛恶心，严重者还会有明显的呼吸困难、畏寒发热、呕吐、缺氧烦躁、意识模糊、血压下降等症状。有光气中毒职业病危害的行业有：化学农药、有机化工原料、染料、催化剂及各种化学助剂、塑料制造业、医药工业。

（12）一氧化碳中毒

一氧化碳无色无味。发生一氧化碳中毒，有头痛头晕、目眩、心跳、恶心呕吐、乏力等症状，一般患者离开中毒现场吸入新鲜空气数小时后，症状即可缓解。中度中毒患者除以上症状进一步加重，还有面色潮红，口唇呈樱桃色，多汗，意识模糊甚至昏迷。重度中毒者可出现瞳孔缩小、深度昏迷或并发脑水肿、休克、呼吸衰竭等症状。有一氧化碳中毒职业病危害的行业有：煤矿、金属与非金属矿采选业、石油加工业、炼焦、煤气及煤制品业、金属冶炼业。

（13）硫化氢中毒

硫化氢为强烈的神经毒物，是具有腐败臭蛋味的窒息性气体。硫化氢中毒症状为畏光、流泪、眼刺痛、上呼吸道刺激症状，休息数日即好转。中度中毒除以上症状加重外，还有头痛、头晕、乏力、呕吐等表现。重度中毒还会出现全身肌肉痉挛、大小便失禁、深度昏迷、呼吸与循环衰竭。有硫化氢中毒职业病危害的行业有：煤炭采选业、石油和天然气开采业、食品酿酒制造业、造纸及纸制品业、化肥与农药制造业。

（14）苯中毒

苯是有特殊芳香气味的属中等毒性的极易挥发的油状液体。生产作业中，苯以蒸气形式通过呼吸道进入人体。轻度中毒者有兴奋、醉酒样表现；中度中毒者可出现头痛、恶心、呕吐、步态不稳症状；严重中毒者可出现昏迷、肌肉痉挛或抽搐、血压下降、瞳孔散大等症状。有苯中毒职业病危害的行业有：皮革制品业，家具、涂料、颜料、染料、化学原料与农药制造业，石油加工业。

（15）正己烷中毒

正己烷为低毒类液体，人体吸入后的中毒症状为：头痛、眩晕、恶心、视觉障碍。严重者会造成肝、肾的损害。有正己烷中毒职业病危害的行业有：食品制造业，石油加工业，塑料、日用化学品制造业，黏胶剂制品业。

（16）苯的氨基及硝基化合物中毒

包括苯胺、硝基苯、三硝基甲苯中毒。主要以粉尘和蒸气形式经呼吸道进入人体产生危害。中毒时有头昏、乏力、手指麻木、胸闷心悸、呼吸困难等症状，严重时有呼吸麻痹、昏迷、溶解性贫血、肝肾功能损害等症状。有苯的氨基及硝基化合物中毒职业病危害的行业有：化工原料、农药、染料、塑料制造业等。

（17）氰及腈类化合物中毒

氰及腈类化合物可经呼吸道、皮肤、胃肠道进入人体，导致人员中毒。中毒者可有杏仁气味呼气，眼、呼吸道有轻度刺激症状，乏力、头痛、胸闷。严重时有呼吸困难、意识障碍、血压下降、心率减慢、昏迷、呼吸心跳停止。有氰及腈化物中毒职业病危害的行业有：炼焦、煤气及煤制品业，无机盐、化肥、化学农药、化工原料、染料制造业。

（18）农药职业中毒

有机磷中毒及氨基甲酸酯类中毒等。中毒患者有头痛头晕、恶心呕吐、胸闷、视力模糊。严重时有呼吸困难、血压升高、肺水肿、昏迷、脑水肿等症状。这类中毒的行业有农药制造业，农田及林业喷洒农药作业。

> 🔔 **提示**
> 发现不适症状，应及时采取措施。

4. 物理因素所致职业病

物理因素所致职业病是指劳动者在职业活动中，由于物理因素危害而导致的职业病。如与高温作业有关的中暑，与潜水、沉箱、高压氧舱等高气压作业有关的减压病，与不适应高原低气压环境作业有关的高原病，长期使用振动工具有关的手臂振动病等。

（1）中暑。劳动者在高温作业环境中长时间工作时，出现的头晕、胸闷、心悸、皮肤灼热等现象，都属中暑。中暑时会出现面色苍白、血压下降、昏倒、呼吸和循环衰竭等症状。有中暑职业病危害的行业有：石油天然气开采业、冶炼业、建筑业。

（2）减压病。减压病是在从高气压工作环境转向正常气压时，因减压过速而导致的职业病，主要表现为人体组织和血液中产生气泡，导致血液循环障碍和组织损伤。有减压病危害的行业有：电力、蒸气、热水生产、打捞及海底作业。

（3）高原病与航空病

这类病是由于低气压致使人体缺氧而导致的职业病。其症状多因缺氧，影响神经机能。一般高原作业、航空航天作业易出现此类职业病。

5. 职业性传染病

职业性传染病主要包括：炭疽病、森林脑炎、布氏杆菌病、艾滋病、莱姆病。

炭疽病是由炭疽杆菌引起的人畜共患急性传染病。人由于接触病畜或真皮毛而受感染，引起肺、肠或脑膜急病以及败血症。

森林脑炎是作业人员进入森林作业被带有病毒的蜱叮咬后引起的感染。该病有明显的脑膜刺激症状，意识障碍，上肢瘫痪。

布氏杆菌病是由布氏杆菌引起的人畜共患传染病。人接触病畜，其体内的布氏杆菌可通过作业人员的伤口、黏膜及消化道、呼吸道侵入人体，使作业人员出现关节痛、神经痛、睾丸痛等典型症状。

6. 职业性皮肤病

职业性皮肤病是由于职业性因素引起的皮肤及皮肤附属的汗腺、皮脂腺急病。《职业病分类及目录》将职业性皮肤病分为接触性皮炎、光接触性皮炎、电光性皮炎、黑变病、痤疮、溃疡、化学性皮肤灼伤、白斑及其他皮肤病共 9 种。

导致职业性皮肤病的原因有化学性原因（如原发性刺激物、致皮肤过敏反应的化学物质等）；物理性原因（如粉尘、温湿度、日光与人工光源等）；生物性原因（如引起接触性或光敏性皮炎的某些生物性因素）。该类疾病主要发生于石油、化工、医药、农药等生产制造业。

7. 职业性眼病

职业性眼病是劳动者在职业活动中，因接触化学物质或辐射线引起的眼病。这种职业性眼病又分为化学性眼部灼伤、白内障和电光性眼炎 3 种病症。

化学性眼部灼伤多由酸碱等化学物质溅入眼内所致。电光性眼炎多由电焊作业产生的紫外线照射，引起眼角膜和结膜损害所致。职业性白内障多由短波红外线辐射引起，或因三硝基甲苯中毒、电离辐射引起，导致晶状体病变。

8. 职业性耳鼻喉口腔疾病

该类疾病主要有噪声聋、铬鼻病、牙酸蚀病、爆震聋 4 种。

噪声聋是由于噪声造成耳损伤而引起。铬鼻病是由于铬酸等酸雾的吸入，或以污染毒物的手指挖鼻孔、接触中隔黏膜发生灼伤引起，重者会发生鼻中隔糜烂、溃疡，甚至穿孔。牙酸蚀病是由于氟化氢、硫酸酸雾、硝酸酸雾、盐酸酸雾的接触而发生牙酸蚀病变。

二、职业病的预防

1. 建设项目应执行"三同时"原则

新建、扩建、改建的建设项目和技术改造、技术引进项目，可能产生职业危害的，应当依照《职业病防治法》的规定进行职业危害预评价，并经卫生行政部门审核同意。可能产生职业危害的建设项目，其防护设施应当与主体工程同时设计、同时施工、同时投入生产和使用（简称"三同时"）。建设项目竣工，应当进行职业危害控制效果评价，并经卫生行政部门验收合格。存在高毒作业的建设项目的职业危害防护设施设计，应经卫生行政部门审查符合国家职业卫生标准和要求后方可施工。

2. 有职业病危害的工作场所应符合劳动保护规定要求

产生职业病危害的用人单位的设立除应当符合法律、行政法规规定的设立条件外，其工作场所还应当符合以下劳动保护规定要求：

（1）职业病危害因素的强度或者浓度符合国家职业卫生标准。国家职业卫生标准是为了保护劳动者健康及其相关权益，由法律授权部门对国家职业病防治的技术要求做出的强制性统一规范。生产作业场所的职业病危害因素强度、浓度必须符合国家职业卫生标准。

（2）有与职业病危害防护相适应的设施。职业病危害防护设施是用以控制、消除、降低工作场所职业病危害因素对员工健康的损害的装置。如消除、降低有毒物质或生产性粉尘的通风除尘排毒、密闭净化处理装置；又如控制、降低电离辐射危害的屏蔽隔离装置；还有降低噪声、振动危害的消声、减振装置。

（3）生产流程与布局应科学合理。工作场所的生产流程与布局必须科学合理，要做到这一点，必须坚持以下原则：作业场所与生活场所分开，作业场所不得住人；有害作业与无害作业分开，高毒作业场所与其他作业场所隔离；高毒作业场所设置应急撤离通道和必要的泄险区；有配套的更衣间、洗浴间、孕妇休息间等卫生设施。

3. 有职业病危害的用人单位应加强劳动保护管理

有职业病危害的用人单位应当加强劳动保护管理，并采取以下职业病防治管理措施：

（1）设置、配备专职或兼职的职业卫生机构或专业人员，负责本单位的职业病防治工作。

（2）制定职业病防治计划和实施方案。

（3）建立、健全职业卫生和健康监护档案。

（4）建立、健全工作场所职业病危害因素监测及评价制度。

（5）建立、健全事故应急救援预案。

4. 为劳动者提供符合国家规定的劳动防护用品

佩戴并正确使用劳动防护用品，是预防职业病危害的重要措施之一，尤其是当劳动条件尚不能从设备上改善时，或者当发生中毒事故时，或是在设备检修时，劳动防护用品可起到重要的防护作用。用人单位应当为从事有职业病危害作业的劳动者，提供符合国家职业卫生标准的劳动防护用品；劳动者也应在作业场所佩戴并正确使用劳动防护用品。

1. 什么是职业危害？职业危害主要包括哪几个方面？
2. 什么是职业病？我国职业病分类及目录是如何划分职业病的？
3. 导致尘肺病的主要原因有哪些？如何预防尘肺病？
4. 哪些职业危害会导致中毒？如何采取预防措施，防止职业中毒的发生？

第六章　事故救护处理与工伤保险知识

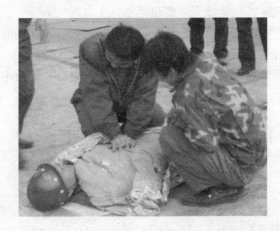

　　发生安全事故，常会造成财产损失甚至人员伤亡。当发生安全事故时，劳动者应当保持镇静，采取有效的救护措施，最大限度地保护人身安全，减少财产损失。不同的安全事故（如触电事故、矿井事故、火灾事故、中毒事故等），对人体会造成不同的危害，劳动者所采取的现场救护措施也不尽相同。劳动者应当掌握不同安全事故下的救护处理知识，掌握一些典型伤害的救护技术，以便在紧急情况下，救护自己，抢救伤员，及时挽救劳动者生命。

第一讲　事故救护与处理知识

　　常见安全事故主要包括触电事故、中毒事故、火灾事故、矿山事故（如瓦斯爆炸、透水事故、冒顶事故等）。发生安全事故，劳动者应采取有效的自救措施；对伤员应及时进行抢救，以挽救他们的生命。

一、触电事故的救护与处理方法

触电事故是劳动安全事故中发生频率最高的事故，也容易造成人员触电伤亡。掌握发生触电事故的救护与处理方法，对于减少事故造成的损失尤为重要。一旦发生触电事故，除立即向医疗部门告急求援，现场人员应立即采取现场抢救措施，以挽救触电人员的生命。

发生触电事故的救护与处理方法，主要包括迅速解脱电源、简单诊断、现场急救三大步骤。

1. 迅速解脱电源

（1）对于低压电触电者，解脱电源的方法有：

立即拉开开关，切断电源。

如无开关，可用有绝缘柄的电工钳或有干燥木柄的斧头切断电线，以断开电源。

当电线搭落在触电者身上或被压在身下时，可用绝缘物（如干燥的木棒、竹竿等）作为工具，拉开触电者或拨开电线（切不可用手、金属、潮湿的导电物体直接触碰伤员的身体或触碰伤员接触的电线，以免引起抢救人员自身触电）。

如触电者的衣服是干燥的，又没有紧缠在身上，可以用一只手抓住触电者的衣服，将其拉离电源。

（2）对于高压电触电者，解脱电源的方法有：

立即通知电力管理部门，尽快拉闸断电。

戴上绝缘手套、穿上绝缘靴，用相应电压等级的绝缘工具按顺序拉开电源开关。

抛掷裸金属导线，使带电线路短路接地，迫使电路保护装置发生作用，自动断开电源。

2. 现场简单诊断

在解脱电源后，伤员往往处于昏迷状态，全身各组织严重缺氧，生命垂危。这时不能用常规诊断方法进行系统检查，而只能用简单有效的方法尽快对伤者心跳、呼吸与瞳孔情况作一判断，以确定采取何种有效的救护方法。

（1）观察伤员是否还存在呼吸。可用手或纤维毛放在伤员鼻孔前，感受和观察是否有气体流动；同时，观察伤员的胸廓和腹部是否存在上下移动的呼吸运动。

（2）检查伤员是否还存在心跳。可直接将耳朵贴近伤者胸部，听是否有心跳的声音，或用手摸伤者的颈动脉、肱动脉，感觉是否有脉搏的搏动。

（3）看一看瞳孔是否扩大，伤者对光线是否有反应。

3. 现场急救方法

针对触电者的伤害程度，抢救人员应分别采取不同的急救方法。

（1）如果触电者伤势不重，神志清醒，仅有些心慌、四肢发麻、全身无力的感觉；或者触电者在触电过程中曾一度昏迷，现在已经完全清醒过来，这时抢救人员应使触电者安静休息，不要走动，严密观察情况变化并请医生前来诊治或将触电人员送往医院救治。

（2）如果触电者伤势较重，已失去知觉，但还有心脏跳动和呼吸，抢救人员应使触电者舒适、安静地平卧，周围不要围太多的人，以保持空气流通，解开触电者的衣服以利于呼吸。如天气寒冷，还要注意触电人员的保暖。同时，应速请医生前来诊治或及时将伤者送往医院抢救。

（3）如果触电者伤势严重，呼吸停止或心脏跳动停止，或二者都已停止，现场抢救人员应立即施行人工呼吸和胸外心脏挤压，并速请医生前来诊治或立即送往医院抢救。

应当注意，急救要尽快地进行，不能等候医生的到来。在送往医院的途中，也不能中止急救。如果现场仅一个人抢救，则口对口人工呼吸和胸外心脏挤压应交替进行。每吹气 2 ~ 3 次，再换成心脏挤压 10 ~ 15 次，如此反复进行。吹气和挤压的速度都应比双人操作的速度要快一些，这样可以提高抢救效果。

二、火灾事故的救护与处理方法

遇到火灾事故，当火势不大，未对人与环境造成重大威胁，其附近有足够的消防器材，应充分利用灭火器材尽可能将火扑灭，不可置小火于不顾而酿成火灾。

当火势较大，已失去控制时，不要惊慌失措，应冷静机智地运用火场自救和逃生知识摆脱困境。心理的惊慌和崩溃往往使人丧失绝佳的逃生机会。因此，多掌握一些自救与逃生的知识、技能，把握稍纵即逝的脱险机会，就会在困境中拯救自己，就能赢得更多等待救援的时间，从而获得第二次生命。

1. 熟悉建筑物环境结构，熟悉消防通道及安全门位置

平常每个人要对自己工作场所环境和居住所在地的建筑物结构、安全路标指示、消防通道及逃生路线熟悉。若处于陌生环境，如入住宾馆、商场购物、进入娱乐场所时，也务必要留意疏散通道、紧急出口的具体位置及楼梯方位等。这样，一旦发生火灾，寻找逃生之路就会胸有成竹、临危不惧，就可以迅速安全地逃离火灾现场。

2. 发生火灾时，采取有效方法，及时撤离

突遇建筑物发生火灾，面对浓烟和大火，首先要使自己保持镇静，迅速判断危险地点和安全地点，果断决定逃生的办法或路线，尽快撤离。如果火灾现场人员较多，切不要互相拥挤、盲目跟从或乱冲乱撞，应有组织、有秩序地进行疏散。撤离时要朝明亮或外面空旷的地方跑，同时尽量向楼下跑。若通道已被烟火封阻，则应背向烟火方向离开，通过阳台、气窗、天台等往室外逃生。如果现场烟雾很大或断电，能见度低，无法辨明方向，则应贴近墙壁或按指示灯的提示，摸索前进，寻找安全出口。

3. 利用消防通道撤退，不可进入电梯逃生

在高层建筑中，电梯的供电系统在火灾中随时会断电；因强热作用，电梯部件也容易发生变形从而导致电梯卡死，这些因素都会使电梯在中途不能移动而将人困在电梯内。这时，由于电梯井犹如贯通的烟囱，直通各楼层，火灾引起的有毒烟雾极易被贯入电梯中，直接威胁被困人员的生命。因此，火灾时千万不可乘坐普通的电梯逃生，而要根据情况选择进入相对较为安全的楼梯、消防通道逃生。此外，还可以利用建筑物的阳台、窗台、天台屋顶等结构，攀爬到周围较为安全的地方进行躲避。

4. 通过建筑物内的高空缓降器或救生绳，逃离危险楼层

在救援人员不能及时赶到的情况下，可以利用身边的绳索或床单、窗帘等自制简易救生绳，用水淋湿，然后从窗台或阳台沿绳滑下；还可以沿着水管、避雷线等物体滑到地面。如果逃生要通过充满烟雾的路线，可使用毛巾或口罩蒙住口鼻，同时身体尽量贴近地面匍匐前行；如果逃生要穿过烟火封锁区，应向头部、身上浇透冷水或用湿毛巾、湿棉被将自己裹起来，再从烟火区冲过去，这样可以减少人体的烧伤。

5. 被火围困无法自行逃离时的处理方法

假如用手触摸房门感到十分烫手，或已知房间被火围困，此时切不可打开房门，而应关紧迎火的门窗，打开背火的门窗，并用湿毛巾或湿布条塞住迎火门窗缝隙，或者用水浸湿棉被蒙上门窗，以防止烟火侵入，固守待救。

> 🔔 **提示**
> 当遇上火灾事故时，应用湿毛巾捂住口鼻，贴近地面向安全通道转移。

被烟火围困暂时无法逃离的人员，应尽量站在阳台或窗口等易于被人发现和能避免烟火近身的地方。在白天，可以向窗外晃动鲜艳衣物；在晚上，可以用手电筒在窗口闪动或者敲击金属物、大声呼救等方式，及时发出有效的求救信号，引起救援者的注意。

三、矿井事故的救护与处理方法

矿井易发生的事故主要有瓦斯爆炸事故、透水事故和冒顶事故。当井下发生安全事故，造成灾害时，在救护人员和医生到达之前，事故地点及附近的职工应迅速组织自救和互救，应充分利用现场一切器材和条件，及时采取救护措施，尽量减少人员伤亡。

在进行救护时，救护人员应注意以下一些救护知识：一是注意戴上防护器材，如事故造成有毒或有害气体含量增高，可能危及人员生命安全，救护人员必须及时正确地佩戴自救器，严禁不佩戴自救器的人员进入灾区开展救护工作；二是在救护过程中如发现受伤人员，应组织有经验的人员积极进行现场抢救，并迅速将其搬运到安全地点；三是对从灾区内营救出来的伤员，应妥善安置到安全地点，根据伤情就地取材，及时进行止血、包扎、骨折固定、人工呼吸等应急处理；四是在现场急救和搬运伤员过程中，方法要得当，动作要轻巧，避免伤员伤情扩大和受不必要的痛苦。

1. 矿井瓦斯爆炸事故的救护处理

当井下发生瓦斯、煤尘等爆炸事故时，井下被困矿工可采取以下方法进行自救和救护。

（1）迅速背向空气震动的地方，脸向下卧倒，头要尽量低些，用湿毛巾捂住口鼻，用衣服等物盖住身体，使肉体的外露部分尽量减少。

（2）迅速戴好自救器，辨清方向，沿避灾路线尽快进入新鲜风流区，及时离开灾区。撤离中，要由有经验的矿工师傅带队。如不知道撤退路线是否安全，就要设法找到永久避难硐室或自己构造临时硐室暂时躲避，安静而耐心地等待井外人员救护。

（3）避灾中，每个人都要自觉遵守纪律，听从指挥，并严格控制矿灯的使用。要主动照顾受伤人员，还要时时敲打铁道或铁管，发出呼救信号；要派有经验的老工人（至少两人同行）出去侦察，经过探险确认安全后，大家方可向井口退出。撤退时应在沿途做上信号标记，以便救护队跟踪寻找。如有可能，应尽量在井内寻找到电话，以便及早同地面取得联系。

2. 矿井火灾事故的救护处理

当发生火灾时，要立即向领导或调度室汇报，请求井外救护队救援，或进行自救避灾。具体救护措施如下。

（1）沉着冷静，迅速戴好自救器。

（2）位于火源进风侧人员，应迎着新风流方向撤退。位于火源回风侧人员，如果距火源较近，且火势不大时，应迅速冲过火源撤到回风侧，然后迎风撤退；如果无法冲过火区，则沿回风撤退一段距离，尽快找到捷径绕到新鲜风流中再撤退。

（3）如果井道已经充满烟雾，也绝对不要惊慌，要迅速辨认发生火灾的地区和风流方向，然后俯身摸着铁道或铁管有秩序地外撤。

3. 井下透水事故的救护处理

井下透水事故是煤矿生产中的主要灾害之一。一旦发生井下透水事故，井下作业人员可采取下列方法进行避灾自救。

（1）首先要尽力判明水源性质（如水源属含水层、断层水、老空水）并用最快的方式通知附近地区的工作人员一起按规定的路线撤出。要用双手抓扶支架顶住水头冲击，向高处攀爬行走，依次进入上一个平台，最后走出矿井。

（2）假如出路已经被水隔断，就要迅速寻找井下位置最高、离井筒最近的地方暂时躲避。同时定时在轨道或水管上敲打，不断发出呼救信号。

（3）人员撤出透水地区以后，要立即紧紧关闭防水闸门。

4. 冒顶事故的救护处理

当井下发生冒顶事故，矿工可采取以下自救措施。

（1）要千方百计减少个人呼吸量，静卧休息，并注意加强支护，以防继续冒顶。

（2）如果有隔离式自救器，应在感觉呼吸困难时佩戴，被堵处如果有压风管路，可打开管路上的阀门以提供氧气。

（3）若发现堵住出口的煤矸量不大，有可能扒通出口时，应采取轮流擂煤矸的方法，将煤矸移开，以便逃生；在擂煤矸时要注意顶板安全，防止继续冒顶，同时要经常敲打金属物体，不断向救护人员发出信号，如图6—1所示。

图6—1　及时发出信号，便于井外人员抢救

四、化学中毒事故的救护与处理方法

接触危险化学品的职工，应了解本企业、本班组各种化学危险品的危害，熟悉厂区建筑物、设备、道路情况，必要时能以最快的速度报警或采取正确的方法逃生。同时，企业应向职工提供必要的防护设备，进行防毒知识培训；应制订和完善毒气泄漏事故应急计划，并定期组织员工进行防毒和救护演练，让每一个职工都了解应急方案，都掌握救护知识，提高职工应付毒气泄漏事故的应变能力，做到遇灾不慌、临阵不乱，正确判断和处理事故，增强职工自我保护意识和救护能力。

1. 发生化学中毒事故的救护与处理

（1）当发生化学中毒事故，抢救人员如需进入中毒危险区域，必须戴好防毒面具、自救器等防护用品。

（2）抢救中如发现有中毒人员，应根据环境条件及中毒情况，确定是否给中毒人员戴上防毒面具，并迅速将中毒者小心地从危险环境转移到安全、通风的地方。

（3）如果中毒人员已失去知觉，可将其放在毛毯上提拉（或抓住衣服），头部朝前，拉动毛毯将中毒人员转移到安全地方。

（4）脱去中毒人员被污染的衣服，松开领口和腰带，使中毒者能够顺畅地呼吸新鲜空气。

（5）如果毒物污染了眼部、皮肤，应立即用水冲洗。

（6）对于口服毒物的中毒者，可用手指刺激舌根，设法使其呕吐。

（7）对于腐蚀性毒物中毒者，可让其口服牛奶、蛋清或植物油，以缓解毒性，进行救护。

2. 发生毒气事故的救护与处理

（1）发生毒气泄漏事故，现场人员不要恐慌，不要漫无目标地乱跑，应服从统一指挥，井然有序地从安全通道撤离。

（2）抢救人员应采取相应的监护措施对毒气泄漏现场进行浓度监护，以便根据毒气泄漏情况采取有效的处理措施。

（3）当无人指挥撤离时，毒气泄漏环境中的人员应抓紧宝贵的时间，当机立断，选择正确的逃生方法撤离。

（4）逃生时要根据泄漏物质的特性，尽可能佩戴有效的个体防护用具；如无防护用具，应用湿毛巾或衣物捂住口鼻。

（5）毒气扩散是顺着风向流动的，逃生人员应沉着冷静确定风向，根据毒气泄漏源位置，选择向上风口方向或沿侧风方向转移撤离。

（6）根据泄漏物质的相对密度，确定是选择沿高处逃生还是向低洼处逃生，一般比重大于空气的有毒气体泄漏时，应选择向高处逃生；比重小于空气的有毒气体泄漏时，应选择向低洼处逃生。

> 🔔 **提示**
>
> 　　在遇到毒气泄漏现场抢救中毒人员时，抢险人员要戴上防毒用具；对失去知觉的中毒人员，可用毛毯将其转移到安全地带进行抢救（见图6—2）。

图6—2　戴上防毒用具，及时救护中毒人员

第二讲　紧急救护知识

发生安全事故，出现人员伤亡时，首先对受伤人员进行紧急救护，以抢救人员生命，减少人员伤亡。

紧急救护知识，主要介绍人工呼吸救护、心脏挤压复苏救护、烧伤救护、创伤救护等知识。

一、人工呼吸救护知识

人工呼吸救护，就是采取人工的方法来代替肺的呼吸活动，及时而有效地使气体有节律地进入和排出肺脏，以供给体内足够氧气，并促使呼吸中枢尽早恢复呼吸功能。人工呼吸救护是复苏伤员的一种重要的急救措施。

人工呼吸操作应当包括以下几个步骤。

1. 保持环境安静，如是冬季还要为伤员保暖，让伤员仰卧，解开伤员衣领，松开围巾及紧身衣服，放松裤带，以便呼吸时胸廓自然扩张。

2. 在伤员的肩背下方垫上软物，使伤员的头部充分后仰，以减少气流的阻力，保持呼吸道尽量畅通；在伤员的肩背下方垫上软物还可以防止舌根陷落，堵塞气流通道。

3. 将病人嘴巴掰开，用手指清除口腔中的异物，如假牙、分泌物、血块、呕吐物等，以免阻塞呼吸道。

4. 抢救者站在伤员的一侧，用靠近伤员头部的手紧捏住伤员的鼻子（避免漏气），并将手掌外缘压住其额部；另一只手托在伤员颈部，将其颈部微微上抬，头部充分后仰，鼻孔呈朝天位，使嘴巴张开准备接受吹气。

5. 抢救者先吸一口气，然后嘴紧贴伤员的嘴大口吹气，同时观察其胸部是否膨胀隆起，以确定吹气是否有效和吹气是否适度。

6. 吹气停止后，抢救者头稍侧转，并立即放松捏鼻子的手，让气体从伤员的鼻孔排出。此时注意胸部复原情况，倾听呼气声，观察有无呼吸道梗阻现象。

7. 如此反复而有节律地进行人工呼吸，不可中断，直至呼吸功能恢复。每分钟吹气应在 12~16 次。

如图 6—3 所示，对伤者进行人工呼吸时，肩背下垫上软物，一只手紧捏鼻子，另一只手托住下颌。进行人工呼吸时要注意掌握好口对口的压力。开始时吹气压力可略大些，吹气频率也可稍快些。经过一二十次人工吹气后，可逐渐减少压力，只要吹气压力能维持胸部轻度升起即可。如遇到伤者嘴巴掰不开的情况，可改用口对鼻孔吹气的办法，吹气时压力稍大些，时间稍长些。采用人工呼吸法，直到伤员出现自动呼吸时，方可停止。但此时仍要注意观察呼吸情况，以防伤者出现再次停止呼吸。一旦再次停止呼吸，应继续进行人工呼吸。

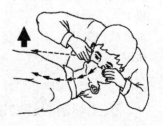

图 6—3　对伤者进行人工呼吸

二、体外心脏挤压复苏救护知识

体外心脏挤压，是指通过人工方法有节律地对心脏挤压，来代替心脏的自然收缩，从而达到维持血液循环的目的，进而恢复心脏的自然节律，挽救伤员的生命。

体外心脏挤压的具体操作包括以下几个步骤。

1. 使伤员就近仰卧于硬板上或地上，注意为伤员保暖，解开伤员衣领，使其头部后仰侧偏。

2. 抢救者站在伤员左侧或跪跨在病人的腰部。

3. 抢救者以一手掌根部置于伤员胸骨下 1/3 段（中指对准其颈部下缘），另一只手掌交叉重叠于该手背上，肘关节伸直。

4. 依靠体重和臂、肩部肌肉的力量，垂直用力，向脊柱方向冲击性地用力施压胸骨下段，使胸骨下段与其相连的肋骨下陷 3 ~ 4 cm，从而间接压迫心脏，使心脏内血液搏出。

5. 挤压后突然放松（注意掌根不能离开胸壁），依靠胸廓的弹性，使胸骨复位。此时心脏舒张，大静脉的血液回流到心脏。

6. 反复挤压，直到心脏恢复功能。

胸外心脏挤压时，注意手掌挤压位置和用力大小及频率。如图 6—4 所示，在进行体外心脏挤压时要注意以下几点：一是在操作时手掌定位要准确，用力要垂直向下且用力要适当，要有节奏地反复进行，不可突然变快或突然变慢；二是要防止用力过猛，以免造成继发性组织器官的损伤或肋骨骨折；三是挤压频率一般控制在每分钟 60 ~ 80 次，但特殊情况下为了提高心脏恢复效果，可增加挤压频率到每分钟 100 次左右；四是抢救时必须同时兼顾心跳和呼吸；五是抢救工作一般需要很长时间，在没送到医院之前，抢救工作不能停止。

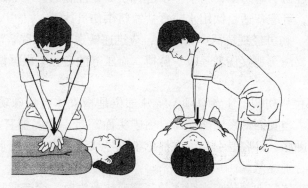

图 6—4　掌握胸外心脏挤压正确姿势

三、烧伤救护知识

烧伤包括火焰烧伤，热蒸汽（或热液体）烧伤，烧热的固体造成的烧伤，化学烧伤和电灼伤等。

1. 热烧伤救护

由于火焰、开水、蒸汽、热液体或热固体直接接触人体所引起的烧伤，都属于热烧伤。发生热烧伤事故，应立即在出事现场对伤者采取急救措施，尽快使其与致伤因素脱离接触，以免继续损害深层组织。

（1）灭火。如伤员发生热烧伤且身上仍有火焰或火星，一种办法是脱掉燃烧着的衣服以达到灭火的目的；另一种办法是，当一时难以脱下燃烧的衣服时，可让伤员躺在地上滚动以扑灭火焰；第三种办法就是用水喷洒到伤者身上以扑灭火焰；第四种办法就是让伤员跳入附近浅河沟或水池中灭火；如若仅某一肢体着火，可把肢体直接浸入冷水中灭火。

灭火时，切勿采取奔跑方式或用手拍打方式去灭火，这样灭火会助长火势蔓延，也容易烧伤手指。

（2）包扎。当伤员脱离致伤物，身上火焰及火星被扑灭后，要及时用清洁包布为其覆盖烧伤面，做简单包扎，避免创面污染。包扎时要小心，不要把水疱弄破，更不要在创面上涂抹任何有刺激性的液体或不清洁的粉和油剂。这样不仅不能减轻伤者的疼痛，相反还容易引起感染，为下一步进行创面处理和医疗增加困难。

伤员如口渴，可准备适量饮用水或食盐饮料供伤员饮用。

（3）送医院。伤员经现场简单处理后，应迅速转送附近医院救治。

转送过程中要注意观察伤者呼吸、脉搏、血压等的变化，根据情况及时采取抢救措施。

（4）特殊部位烧伤救护注意事项。特殊部位是指人体有特殊功能的部位，如头面部、呼吸道等。当头面部发生烧伤时，由于头面部是一个多器官、多功能的部位，烧伤后常会极度肿胀，且容易引起继发性感染，导致形态改变、畸形和功能障碍。因此，在抢救时要特别注意。

呼吸道也是人体特殊部位。当吸入热气流或热蒸汽时，会造成呼吸道烧伤，使呼吸道黏膜充血水肿，严重者甚至黏膜坏死、脱落，引起气道阻塞。当吸入火焰烟雾或化学蒸气烟雾时，烧伤会更为严重，烟雾使支气管痉挛，使肺脏充血水肿，通气功能降低，造成呼吸窘迫。抢救时，要注意保持呼吸道畅通，避免因呼吸道堵塞引起窒息。

2. 化学烧伤救护

（1）化学烧伤的类型。常见的化学烧伤，一类是碱烧伤，如氢氧化钠、生石灰等造成的烧伤，其特点是烧伤穿透力较强，在烧伤 2 天内损伤会逐渐向深层组织扩大，使组织细胞脱水；另一类是酸烧伤，如硫酸、硝酸、盐酸等造成的烧伤，这种烧伤一般不会向深层组织扩散，伤口较浅，局部肿胀较轻，创面较干燥，常有局部持续疼痛。

（2）化学烧伤的救护。发生化学烧伤时，应迅速清除残留在创面上的化学物质，以减少化学物质对创面的继续损伤。如果化学品溅到皮肤或眼睛上，要用大量水冲洗皮肤或眼睛（至少 10 min），切忌用手或手帕揉眼睛。如果衣服被化学物质污染，应立即脱掉（或将污染的部位撕掉），并用大量水冲洗衣服上的化学物质。

发生化学烧伤，可采用酸碱中和方法进行救护和治疗。发生酸烧伤时，可用浓度为 2% 的苏打水、石灰水、氢氧化镁或肥皂水等碱性物质进行冲洗，然后用弱酸（浓度为 2% 的醋酸溶液）冲洗。经清水冲洗和酸碱中和处理后的创面，可防止继发性感染和再损伤。经现场救护后，应立即送医院进行治疗。

四、创伤救护知识

发生身体外部创伤，主要采取止血、包扎、固定、运送 4 个方面的救护。

1. 止血

止血的方面主要有压迫止血法、止血带止血法、加压包扎止血法和加垫屈肢止血法。

（1）压迫止血法适用于头、颈、四肢动脉大血管出血的临时止血。当一个人负了伤以后，只要立刻果断地用手指或手掌用力压紧靠近心脏一端的动脉跳动处，并把血管压紧在骨头上，就能很快取得临时止血的效果。

（2）止血带止血法适用于四肢大血管出血，尤其是动脉出血。用止血带（一般采用橡皮管，也可以采用纱布、毛巾、布带或绳子等代替）绕肢体绑扎打结固定，或在结内穿一根短木棍，转动此棍，绞紧止血带，直到不流血为止。然后把棒固定在肢体上。在绑扎和绞止血带时，不要过紧或过松。过紧会造成皮肤和神经损伤，过松则起不到止血的作用。

（3）加压包扎止血法适用于小血管和毛细血管的止血。先用消毒纱布（如果没有消毒纱布，也可用干净的毛巾）敷在伤口上，再加上棉花团或纱布卷，然后用绷带紧紧包扎，以达到止血的目的。假如伤肢有骨折，还要另加夹板固定。

（4）加垫屈肢止血法多用于小臂和小腿的止血，它利用肘关节或膝关节的弯曲功能压迫血管达到止血的目的。在肘窝或膝窝内放入棉垫或布垫，然后使关节弯曲到最大限度，再用绷带将前臂与上臂（或小腿与大腿）固定。假如伤肢有骨折，也必须先用夹板固定。

2. 包扎

对创伤进行包扎，一方面可以止血，另一方面也可以固定肢体。包扎技术包括头及面部的包扎技术，肢体的包扎技术和躯干的包扎技术。

（1）头及面部外伤包扎方法

1）头面部风帽式包扎法。头面部都有伤时可采用此包扎方法。先在三角巾顶角和底部中央各打一个结，形式像风帽一样。把顶角结放在前额处，底结放在后脑部下方，包住头顶，然后再将两顶角往面部拉紧，向外反折成三四指宽，包绕下颌，最后拉至后脑枕部打结固定。

2）头顶式包扎法。当外伤在头顶部时可采用此包扎方法。把三角巾底边折叠两指宽，中央放在前额，顶角拉向后脑，两底角拉紧，经两耳上方绕到头的后枕部，压着顶角，再交叉返回前额打结。如果没有三角巾，也可改用毛巾。先将毛巾横盖在头顶上，前两角反折后拉到后脑打结，后两角各系一根布带，左右交叉后绕到前额打结。

3）面部面具式包扎法。如图6—5所示，当面部受伤时可采用此包扎方法。先在三角巾顶角打一结，使头向下，提起左右两个底角，形式像面具一样。再将三角巾顶结套住下颌，罩住头面，底边拉向后脑枕部，左右角拉紧，交叉压在底部，再绕至前额打结。包扎后，可根据情况在眼和口鼻处剪开小洞。

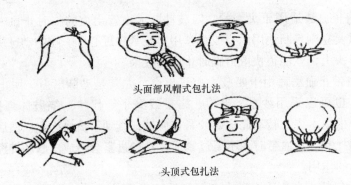

头面部风帽式包扎法

头顶式包扎法

图6—5 头及面部包扎示意

4）单眼包扎法。如果眼部受伤，可将三角巾折成四横指宽的带形，斜盖在受伤的眼睛上。如图6—6所示，三角巾长度的三分之一向上，三分之二向下。下部的一端从耳下绕到后脑，再从另一只耳上绕到前额，压住眼上部的一端，然后将上部的一端向外翻转，向脑后拉紧，与另一端打结。

图6—6　单眼包扎示意

（2）四肢外伤包扎方法

1）手足部受伤的三角巾包扎法。将手掌（或脚掌）心向下放在三角巾的中央，手（脚）指（趾）朝向三角巾的顶角，底边横向腕部，把顶角折回，两底角分别围绕手（脚）掌左右交叉压住顶角后，在腕部打结，最后把顶角折回，用顶角上的布带固定（见图6—7）。

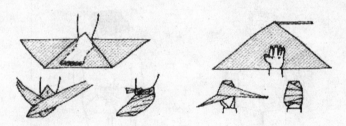

图6—7　三角巾手足包扎示意

2）三角巾上肢包扎法。如果上肢受伤，可把三角巾的一底角打结后套在受伤的那只手臂的手指上，把另一底角拉到对侧肩上，用顶角缠绕伤臂，并用顶角上的小布带包扎。然后，把受伤的前臂弯曲到胸前，成近直角形，最后把两底角打结，如图6—8所示。

（3）躯干包扎方法（见图6—9）。当背部受伤时，可采用背部三角巾包扎法；当胸部受伤时，可采用胸部三角巾包扎法；当下腹部和会阴部受伤时，可采用下腹部及会阴部包扎法。

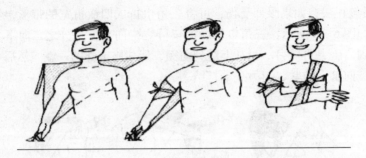

图6—8　三角巾上肢包扎示意

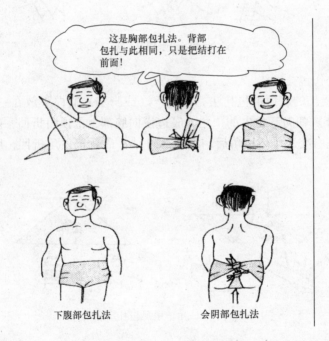

下腹部包扎法　　　　　会阴部包扎法

图6—9　躯干包扎法基本顺序

3. 固定

（1）上肢肱骨骨折固定法（见图6—10）。用一块夹板放在骨折部位的外侧，中间垫上棉花或毛巾，再用绷带或三角巾固定。若现场无夹板，则用三角巾将上臂固定于躯干。方法是：三角巾折叠成宽带后通过上臂骨折部绕过胸部在对侧打结固定，前臂悬吊于胸前。

（2）股骨骨折固定法。用两块夹板，其中一块的长度与腋窝至足根的长度相当，另一块的长度与伤员的腹股沟到足根的长度相当。长的一块放在伤肢外侧腋窝下并和

图6—10　上肢肱骨骨折固定示意

下肢平行，短的一块放在两腿之间，用棉花或毛巾垫好肢体，再用三角巾或绷带分段绑扎固定。

4. 搬运

搬运伤员也是救护的一个非常重要的环节。如果搬运不当，可使伤情加重，难以治疗。因此，对伤员的搬运应十分小心。

（1）扶、抱、背搬运法

1）单人扶着行走。左手拉着伤员的手，右手扶住伤员的腰部，慢慢行走。此法适于伤员伤势较轻，神志清醒时使用。

2）肩膝手抱法。伤员不能行走，但上肢还有力量，可让伤员的手钩在搬运者的颈上。此法禁用于脊椎骨折的伤员。

3）背驮法。先将伤员支起，然后背着走。

4）双人平抱着走。两个搬运者站在同侧，抱起伤员运走。

（2）几种伤情搬运

1）脊柱骨折搬运。使用木板做的硬担架，应由 2～4 人抬，使伤员成一线起落，步调一致。切忌一人抬胸，一人抬腿。要让伤员平躺，腰部垫一个衣服垫，然后用 3～4 根传动带把伤员固定在木板上。

2）颅脑伤昏迷搬运。搬运时要两人重点保护头。放在担架上应采取半卧位，头部侧向一边，以免呕吐时呕吐物阻塞气道而窒息。

3）颈椎骨折搬运。搬运时，应由一人稳定头部，其他人以协调力量平直抬担架，头部左右两侧用衣物、软枕加以固定。

4）腹部损伤搬运。严重腹部损伤者，多有腹腔脏器从伤口脱出，可采用布带、绷带固定。搬运时采取仰卧位，并使下肢屈曲。

（3）伤员转送应做到以下几点

1）迅速。伤员经过现场处理后，应争取时间尽快转运到已联系好的医院或急救中心，通知医院可能到达的时间。

2）安全。在搬动和转运途中应避免对伤者的再次创伤，更应防止医源性损害，如输液过快引起肺水肿、脑水肿，输入血制品引起溶血反应等。对有呕吐和意识不清的伤员，要防止胃内容物吸入气管而引起窒息。应持续监护，发生病危时，及时抢救生命。

3）平稳。在救护车内一般应保持伤员足向车头，头向车尾平卧。驾车要稳，刹车要缓。为使伤员情绪稳定，转运途中须镇痛，记录止痛剂的名称、药量和用药时间。颅脑损伤、腹部损伤时，要慎用麻醉止痛药。

第三讲　工伤保险知识

工伤保险是指国家为保障因工作原因遭受事故伤害或者患职业病的职工获得医院救治和经济补偿，促进工伤预防和职业康复，分散用人单位的工伤风险所建立的一项公共制度。劳动者由于工作原因，在劳动过程中遭受意外伤害、负伤、致残、致死，或因接触粉尘、有毒有害物质等职业危害因素而患上职业病后，本人及其家属丧失生活来源，生活难以维持，有从企业或者国家和社会获得物质帮助、经济补偿和社会服务的权利。

我国《劳动法》和《社会保险法》都明确规定，用人单位要为员工购买工伤保险，以保险员工在发生工伤事故或患上职业病时获得必要的治疗和相应的经济补偿。2003年国务院出台了《工伤保险条件》，条例对工伤缴费、工伤认定、劳动能力鉴定、工伤待遇等做了专门的规定。2010 年新出台的《工伤保险条件》对原条例进行了修改和完善，将事业单位、社会团体、民办非企业单位、事务所都列入参保范围，工伤保险的覆盖范围进一步扩大；在工伤认定范围上，将非主责的交通事故都列入工伤保险责任范围，使交通事故范围包括了轨道交通、火车交通、轮渡交通。

一、工伤的认定

工伤是指职工在工作时间、工作场所，执行本职工作或者从事有利于本单位的工作，以及从事抢险救灾救人等维护国家、社会利益的工作所发生的伤、残、亡等事故。我国《工伤保险条例》规定，工伤不仅包括职工从事本单位直接生产工作遭受的事故伤害，也包括患各种职业病造成的负伤、致残或死亡，还包括政策规定的从事与企业生产工作有密切关系或有利于国家、社会利益工作所遭受的意外伤亡。

1. 工伤认定的条件

不是所有事故造成的负伤、致残和死亡都能认定为工伤的，只有符合规定条件才能够认定为工伤。新的《工伤保险条例》规定了 7 种应当认定为工伤的情形：

（1）在工作时间和工作场所内，因工作原因受到事故伤害的，应认定为工伤。

确认工伤最关键、最基本的条件是工作时间、工作场所和工作原因，这也是认定工伤最重要的依据，三者缺一不可。比如在工作时间内，脱离工作岗位干与自己本职工作无关的事情所发生的事故，就不能认定为工伤。但在工作时间和工作场所内，由于其他不安全因素或发生偶然事件造成的伤害，并非本人行为所致，可以认定为工伤。

（2）工作时间前后在工作场所内，从事与工作有关的预备性或者收尾性工作受到事故伤害的，应当认定为工伤。

因为在上下班前后或交接班的这一段时间，虽然还没有进入工作过程，但职工是在为顺利开展工作做预备性或收尾性的工作，把在这个时间内发生的意外事故视为在工作时间内由于工作导致的伤害，认定为工伤，充分体现了实事求是地、最大限度地保护劳动者合法权益的精神。

（3）在工作时间和工作场所内，因履行工作职责受到暴力等意外伤害的，认定为工伤。

我们知道，有的工作部门或工作岗位是有一定风险的。如在公安、税务、司法部门工作的人员，在执法过程中，遇到不法之徒的暴力伤害、报复袭击造成伤害。规定发生这种情形应认定为工伤，可以弘扬正气，维护社会安定。

（4）患职业病的可以认定为工伤。

职业病是劳动者在生产劳动及其他职业活动中，接触职业性有害因素引起的疾病，不是普通疾病。卫生部、劳动和社会保障部新的《职业病分类和目录》规定的10类132种职业病为国家规定的职业病范围，只要是因工作原因引起的，又属《职业病分类和目录》中的任何一种职业病例，都应认定为工伤。

（5）因工外出期间，由于工作原因受到伤害或者发生事故下落不明的，应认定为工伤。

这是指在职员工受用人单位的指派因工外出完成任务期间，发生非本人主要责任的事故造成的意外伤害，应当认定为工伤。职工因工外出，下落不明达《条例》规定的时间，职工家属可以通过公安机关的认定和法院的裁定，向劳动保障部门提出工伤认定。

（6）在上下班途中，受到非本人主要责任的交通事故或者城市轨道交通、客运轮渡、火车事故伤害的，也应认定为工伤。

由于职工上下班是为了工作，而不是为了私事，因此，造成的交通事故伤害和城市轨道交通、客运轮渡、火车事故伤害，也应认定为工伤。

《条例》还规定了视同工伤的3种情形：一是在工作时间和工作岗位，突发疾病死亡或在48 h内经抢救无效死亡的；二是在抢险救灾等维护国家利益、公共利益活动中受到伤害的（见图6—11）；三是职工原在军队服役，因战、因公负伤致残，已取得革命伤残军人证，到用人单位后旧伤复发的。

《条例》规定了不得认定为工伤的三种情形：一是因犯罪或者违反治安管理造成伤亡的；二是醉酒导致伤亡的；三是自残或自杀造成伤亡的。

图6—11 抢险救灾行为造成的伤害，属于工伤

2. 工伤认定的程序

（1）提出工伤认定申请。职工发生事故伤害或者按照职业病防治法规定被诊断、鉴定为职业病，所在单位应当自事故伤害发生之日或者被诊断、鉴定为职业病之日起30日内，向统筹地区社会保险行政部门提出工伤认定申请。

用人单位不按规定提出工伤认定申请的，工伤职工或其直系亲属、工会组织在事故伤害发生之日或者被诊断、鉴定为职业病之日起1年内，可以直接向统筹地区社会保险行政部门提出工伤认定申请。

用人单位未在规定时限内提交工伤认定申请，在此期间发生的工伤待遇等有关费用由该单位负担。

（2）提出工伤认定申请应提交的资料。

一是工伤认定申请表，包括事故发生的时间、地点、原因以及职工伤害程度等基本情况。

二是与用人单位存在劳动关系（包括事实劳动关系）的证明材料。

三是医疗诊断证明或者职业病诊断证明书（或者职业病诊断鉴定书）。

申请人提供材料不完整的，社会保险行政部门应当一次性书面告知需要补充的全部材料。申请人按照要求提交补充材料后，劳动保障行政部门应当及时受理。

（3）调查核实。社会保险行政部门受理工伤认定申请表后，根据审核需要应对事故伤害进行调查核实，用人单位、职工、工会组织、医疗机构以及有关部门应当协助社会保险行政部门进行事故调查核实。

（4）工伤认定。社会保险行政部门应当自受理工伤认定申请之日起60日内做出工伤认定的决定，并书面通知申请工伤认定的职工或者其直系亲属和该职工所在单位。

工伤保险应提交工伤诊断书、工伤申请、劳动合同等资料，如图6—12所示。

二、职业病的认定

职业病是指劳动者在生产劳动中及其他职业活动中接触职业性有害因素引起的疾病。国家规定了职业病的范围，包括职业中毒（如铅、汞及其化合物中毒，光气中毒等），尘肺（如矽肺、石棉肺等），物理因素职业病（如中暑、减压病、高原病等），职业传染病（如炭疽、森林脑炎等），职业性皮肤病（如接触性皮炎、光敏性皮炎等），职业性耳鼻喉病（如噪声聋），职业性肿瘤（如石棉所致肺癌、苯所致白血病等），其他职业病（如化学灼伤、职业性哮喘等）。

职业病的诊断按卫生部《职业病诊断与鉴定管理办法》及其有关规定执行，一般由省级人民政府卫生行政部门批准的医疗卫生机构进行职业病的诊断、鉴定。凡被

认定工伤都需要哪些资料？

对于你个人应有工伤诊断书或职业病诊断证明书；单位要提出工伤认定申请！

工伤保险条例

图6—12　工伤认定提供的资料

确诊患有职业病的职工，职业病诊断机构将发给《职业病诊断证明书》，职业病人凭该证明书向社会保险行政部门申请工伤认定，经认定后，即可享受国家规定的工伤保险待遇或职业病待遇。

三、劳动能力的鉴定

职工如发生工伤或患上职业病，经治疗伤情或病情相对稳定后，仍存在残疾，影响劳动能力和生活能力，这时应当进行劳动能力鉴定。通过劳动能力鉴定，以此确定工伤伤残程度和工伤伤残等级。工伤伤残等级是工伤保险待遇水平确定的主要依据。

> **想一想**
> 劳动能力鉴定结果对工伤人员有哪些利害关系？

1. 劳动能力鉴定的标准

劳动能力鉴定是指对工伤职工身体受到的伤害和病变情况进行的劳动功能障碍程度和生活自理障碍程度的等级鉴定。

《工伤保险条例》规定劳动功能障碍分为 10 个等级，最重的为一级，最轻的为十级；规定生活自理障碍分为 3 个等级，即生活完全不能自理、生活大部分不能自理、生活部分不能自理。

对工伤造成的劳动能力丧失程度和护理依赖程度鉴定标准为《劳动能力鉴定职工工伤与职业病致残等级》（GB/T 16180—2014）。标准将伤残等级分为 10 级，1 ~ 4 级为全部丧失劳动能力，5 ~ 6 级为大部分丧失劳动能力，7 ~ 10 级为部分丧失劳动能力。

2. 劳动能力鉴定部门

劳动能力鉴定部门主要是省级劳动能力鉴定委员会和设区的市级劳动能力鉴定委员会。委员会成员分别由省级或设区的市级劳动保障行政部门、人事行政部门、卫生行政部门、工会组织、经办机构代表以及用人单位代表组成。

3. 劳动能力鉴定程序

由用人单位、工伤职工或者其直系亲属向设区的市级劳动能力鉴定委员会提出劳动能力鉴定申请，并提供工伤认定决定通知书和职工工伤医疗的有关资料（如身份证、照片、病历、诊断证明、检验报告、鉴定申请书）。

劳动能力鉴定委员会在收到劳动能力鉴定申请后，组织专家进行鉴定并提出鉴定意见，给出鉴定结论。该结论在收到劳动能力鉴定申请之日起 60 天内做出。

四、工伤保险待遇

工伤保险待遇主要包括工伤医疗待遇、伤残待遇和工亡待遇三部分。

1. 工伤医疗待遇

职工因工作遭受事故伤害或者患职业病，需到医院进行抢救和治疗。在抢救和治疗中，工伤职工应享受工伤医疗待遇。

（1）医疗费用

治疗工伤所需医疗费用，符合工伤保险诊疗项目目录、工伤保险药品目录、工伤保险住院服务标准的，费用由工伤保险基金支付，职工个人不用支付。

（2）住院补助

职工工伤住院期间的伙食补助，由工伤保险基金支付，具体支付标准由各地方人民政府确定。

（3）外地就医差旅费

经医疗机构出具证明，报经办机构同意，工伤职工需转院治疗，到统筹地区（设区的市一级）以外就医。转院就医所需交通、食宿费用，由工伤保险基金支付。

（4）康复器材费

工伤职工经治疗后，在康复训练期间因日常生活或者就业需要，经劳动能力鉴定委员会确认，可以安装假肢、矫形器、假眼、假牙和配置轮椅等辅助器具，所需费用按照国家规定的标准，可以从工伤保险基金支付。

（5）工伤治疗期间工资待遇

职工因工作遭受事故伤害或者患职业病，需要暂停工作接受工伤医疗和康复训练。在停工留薪期间，由所在单位按月支付工资及福利待遇。

停工留薪期一般不超过 12 个月。伤情严重或者情况特殊，经设区的市级劳动能力鉴定委员会确认，可以适当延长，但延长不得超过 12 个月。工伤职工在停工留薪期满后仍需治疗的，继续享受工伤医疗待遇。

（6）工伤护理费用

生活不能自理的工伤职工在停工留薪期内需要护理的，由所在单位提供护理或支付护理费用。工伤职工已经评定伤残等级并经劳动能力鉴定委员会确认需要生活护理的，其护理费用由工伤保险基金按月支付。

生活护理费按照生活完全不能自理、生活大部分不能自理和生活部分不能自理 3 个不同等级支付，其标准分别为统筹地区上年度职工月平均工资的 50%、40%、30%。

2. 伤残待遇

工伤职工经治疗和康复训练后，劳动功能和生活自理能力仍有障碍的，应进行工伤伤残鉴定。根据不同的伤残等级，工伤职工可享受一次性伤残补助金、伤残津贴、伤残就业补助金以及生活护理费等待遇。

职工因工致残被鉴定为 1 级至 4 级伤残的，一次性伤残补助金分别为 27 个月、25 个月、23 个月和 21 个月的本人工资；伤残津贴按月发给本人，其标准分别为本人工资的 90%、85%、80%、75%。

职工因工致残被鉴定为 5 级、6 级伤残的，一次性伤残补助金分别为 18 个月、16 个月的本人工资；伤残津贴按月发给本人，其标准分别为本人工资的 70% 和 60%。

职工因工致残被鉴定为 7 级至 10 级伤残的，其伤残待遇主要为从工伤保险基金按伤残等级支付一次性伤残补助金。

3. 工亡待遇

职工因工死亡，其直系亲属可按规定从工伤保险基金领取丧葬补助金、供养亲属补助金和一次性工亡补助金三项工亡待遇。

（1）丧葬补助金

丧葬补助金为 6 个月的统筹地区上年度职工月平均工资。

（2）供养亲属抚恤金

按照工亡职工本人生前工资的一定比例发给由工亡职工生前提供主要生活来源且

无劳动能力的亲属抚恤金。其发放标准为：工亡职工配偶每月可领取工亡职工生前工资的40%抚恤金，其他工亡职工亲属每人每月可领取其工资的30%抚恤金。工亡职工供养的孤寡老人或者孤儿，每人每月的抚恤金标准可以在上述标准的基础上增加10%。

（3）一次性工亡补助金

一次性工亡补助金标准为上一年度全国城镇居民人均可支配收入的20倍。

故事品鉴

发生工伤后应该如何进行工伤认定

晓青在武汉一家私营企业工作。这家企业的老板对待职工十分苛刻，而且没有依法参加工伤保险等社会保险。在一次加班中，由于长时间劳动得不到很好的休息，晓青操作机器不到位，右手受了伤，被送到医院救治。在治疗过程中，晓青要求老板向劳动保障部门申报工伤，但企业老板告诉晓青不要申报工伤，因为如果政府有关部门知道企业出了工伤会进行处罚。老板同时安慰晓青，不申报工伤也不会影响他的利益，一切治疗费用都由企

> **想一想**
>
> 劳动者在工伤事故发生后，应如何应用法律武器维护自己的合法劳动权益？

业承担，治疗期间工资也照发。晓青担心得罪了老板，可能会丢掉这份工作，因此也就不再要求申报工伤了。经过一段时间的治疗，晓青出院了，但右手有些残疾，不能再从事原来的工作。晓青要求企业给予解决，但老板不但不给予落实工作，反而找到晓青，给他一个月的工资，要求晓青离开企业，另找工作。晓青这时才明白上了老板的当，于是向当地劳动保障部门申请工伤认定，并向劳动争议仲裁委员会申请裁决企业支付工伤待遇。劳动保障部门核实了情况，认定为工伤。经劳动能力鉴定委员会鉴定，晓青被鉴定为5级伤残。最后，企业被依法裁决支付晓青的工伤待遇，包括一次性伤残补助金和按月领取一定的伤残津贴。企业也因为未参加工伤保险被劳动保障部门处以罚款。

点评

我国《工伤保险条例》和《社会保险法》都明确规定，企业必须按月为其员工缴纳工伤保险费（员工个人不用缴费），确保员工发生工伤后有必要的保障。企业不给员工参保，是违法的；企业与员工间的参保约定，如与相关法律法规相悖，也是无效的。

1. 触电事故现场救护的步骤有哪些？

2. 烧伤后现场怎样救护？

3. 创伤救护有哪些内容？

4. 人工呼吸的基本要领有哪些？

5. 胸外心脏挤压的基本要领有哪些？

6. 什么是工伤保险？

7. 工伤认定的程序有哪些？工伤认定需提交哪些资料？

8. 工伤待遇包括哪些主要内容？